XUEJIAYAN SHENGCHAN JISHU

雪茄烟生产技术

戴培刚　徐立国　王现君　主编

中国农业科学技术出版社

图书在版编目（CIP）数据

雪茄烟生产技术 / 戴培刚，徐立国，王现君主编. --北京：中国农业科学技术出版社，2023.3

ISBN 978-7-5116-5803-6

Ⅰ.①雪… Ⅱ.①戴… ②徐… ③王… Ⅲ.①雪茄－生产工艺 Ⅳ.①TS453

中国版本图书馆CIP数据核字（2022）第 117147 号

责任编辑 李冠桥
责任校对 李向荣 贾若妍
责任印制 姜义伟 王思文

出 版 者 中国农业科学技术出版社
　　　　　北京市中关村南大街 12 号　　邮编：100081
电　　话 （010）82109705（编辑室）　　（010）82109702（发行部）
　　　　　（010）82109709（读者服务部）
网　　址 https://castp.caas.cn
经 销 者 各地新华书店
印 刷 者 北京建宏印刷有限公司
开　　本 170 mm×240 mm　1/16
印　　张 10
字　　数 179 千字
版　　次 2023 年 3 月第 1 版　　2023 年 3 月第 1 次印刷
定　　价 100.00 元

《雪茄烟生产技术》

编写人员

主　编：戴培刚　徐立国　王现君

副主编：张玉芹　苏建东　陈庆海　刘太良　巩红卫　宁　扬　张兴伟

　　　　陈秀斋　方　松　马兴华

编　委（以姓氏笔画为序）：

马兴华　王　刚　王　静　王文杰　王以慧　王术科　王先伟

王志刚　王秀芳　王德权　仇京范　方　松　尹东升　包自超

宁　扬　巩红卫　朱先志　刘　莉　刘太良　刘文涛　刘国祥

苏　斌　苏建东　李　军　李　莹　杨继琨　宋晓飞　张　超

张玉芹　张本强　张兴伟　张艳艳　陈庆海　陈秀斋　邰　磊

武　博　范增博　孟　霖　孟庆洪　郝光跃　胡延奇　侯冰清

侯英慧　姜　滨　贾玉国　徐立国　徐秀红　高　强　郭全伟

梅兴霞　程学青　舒　杰　温　亮　谭效磊　薛　博　戴培刚

　　雪茄烟因其独有的风格特色、深厚的文化内涵和更高的吸食安全性，吸引着越来越多的消费者。近年来国内外市场需求日益增长，该产业在全世界范围内呈现出蓬勃发展的趋势。国产雪茄烟消费势头十分强劲，已经成为烟草行业新的经济增长点，是促进传统卷烟升级、延伸产业链、推动烟草高质量发展的重要途径。尤其是"国产雪茄烟叶开发与应用重大专项"启动以来，国产雪茄烟叶供给规模迅速扩大，全国雪茄烟叶收购量由2019年的7 000余担（1担为50 kg）增加到2021年的3万余担。供给质量稳步提升，国产雪茄烟叶已初步实现"可用""能用"的重大突破，正在向"好用"的方向奋力迈进。消费市场持续扩大，国产手工雪茄由2017年的200万支增长到2021年的超过2 000万支，年均增长超过70%，中国已经成为全球雪茄消费增速最快的市场。

　　雪茄产业的快速发展对原料和产品提出了新要求。如何尽快构建和丰富"中式雪茄"的科学内涵，突破技术瓶颈，补齐短板，引领产业发展，提升烟叶原料的内在品质和质量安全，为雪茄产业提供原料保障，尽快构建与之相适应的生产技术和质量标准体系，如何尽快提升民族品牌核心竞争力成了关系行业可持续发展的战略性、全局性、长远性重大课题。

　　近年来，四川、海南、云南、湖北、山东、湖南等产区积极开展国产雪茄烟叶试种，在雪茄烟叶品种筛选上进行探索研究，在配套技术上集中力量进行攻关，取得了一系列成绩，如收集了345份雪茄烟种质资源，建立了国家级平台支撑的雪茄烟种质资源库，对这些资源进行了系统鉴定，筛选了一系列优异资源，初步构建了雪茄烟分子育种体系，培育了首批自主选育的雪茄烟新品系并通过了全国审定；根据茄衣、茄芯的质量特点，分别优化了茄衣、茄芯移栽期、水肥管理、种植密度、遮阴栽培、打顶留叶、成熟采收等关键栽培技术参数，初步建立了分类栽培技术体系；明确了适宜茄衣、茄芯不同烟叶类型的晾制温度与湿度参数范围及主要调控技术，确定了雪茄烟晾制操作流程及技术要点；研发了针对茄衣和茄芯的不同发酵技术；在晾房、发酵房设计和改造上做了深入探讨。

目前国内生产雪茄的工业企业主要有：山东中烟、四川中烟、湖北中烟和安徽中烟四家工业企业。四家雪茄生产企业各自都推出了独具风格的雪茄品牌。具体为四川中烟的长城、狮牌和工字系列；湖北中烟的黄鹤楼、茂大、三峡、顺百利等系列；安徽中烟的王冠系列；山东中烟的巅峰、战神、阔佬等系列。山东不仅是中国近代烟草工业发祥地，也是"东方雪茄的原生地"。早在清朝光绪年间，以兖州为核心的雪茄烟种植与生产就已开始。山东雪茄的发展得到了国家烟草专卖局领导和行业的高度认可及大力扶持，2006年，山东中烟工业有限责任公司被国家烟草专卖局指定为四家雪茄定点生产企业之一，由济南卷烟厂负责生产，巅峰、战神、阔佬系列雪茄应运而生。其中泰山雪茄（巅峰、战神、阔佬等）以"东方口味、现代技艺、时尚格调"的产品风格，以独有的醇香甜润味深得民心，在当代东方雪茄产业中占据重要地位。

为及时总结归纳雪茄烟生产与实践所取得的成绩，同时也为更好地沟通交流，我们组织相关人员编写了此书。尽管全体编写人员为本书付出了极大的艰辛和努力，但因内容较多，编写时间仓促，再加之编写人员水平所限，书中难免存在疏漏之处，敬请广大读者指正，以便再版时修正，使之更臻完善。

本书的出版得到了中国烟草总公司山东省公司科技项目（202113、202203、202205、202206）、山东中烟工业有限责任公司科技项目（2021370000340274）、中国农业科学院科技创新工程等的大力资助，在此一并致谢。

编 者

2023年4月

Contents 目 录

第一章　雪茄烟的历史与现状

　　雪茄烟最早可以追溯到4 000多年前的古玛雅时代，被誉为神赐的第11根手指，成为品位、身份与财富的象征。雪茄烟因其独有的风格特色、深厚的文化内涵和更高的吸食安全性，吸引着越来越多的消费者。近年来国内外市场需求日益增长，该产业在全世界范围内呈现出蓬勃发展的趋势。2014—2020年，国产雪茄烟销量年均增幅40%以上，销售额年均增幅30%以上。国产雪茄烟已经成为烟草行业新的经济增长点，是促进传统卷烟升级、延伸产业链、推动烟草高质量发展的重要途径。

第一节　雪茄烟的发现、传播与分类

一、雪茄烟的发现

　　人类迄今使用烟草最早的证据是公元432年的墨西哥贾帕思州（Chiapas）倍伦克（Palenque）一座神殿里的浮雕。考古人员发现该浮雕描绘了玛雅人在举行祭祀典礼时首领吸烟的场景。另一证据是考古学家在美国亚利桑那州北部印第安人居住过的洞穴中，发现有公元650年左右遗留的烟草和烟斗中吸剩下的烟丝。这些证据说明公元5世纪美洲人已经普遍种植烟草。但欧洲人一直要到1492年哥伦布（1451—1506）航海之旅发现新大陆后，才知道有烟草的存在。雪茄的成型并最终广泛被大众接受一切都从哥伦布发现新大陆开始，当时哥伦布的两名水手发现古巴的印第安人利用棕榈叶或车前草叶，将干燥扭曲的烟草叶卷起来抽，这即是雪茄的原型。后来哥伦布将发现的雪茄烟种子带回西班牙种植，抽雪茄烟成为欧洲贵族最新潮流。这种嗜好逐渐在葡萄牙、法国、意大利及英国等欧洲国家流行开来。至此，雪茄烟得到了大众的接受并广泛传播起来。

Cigar这个单词可能是从古语Sikar而来，即抽烟的意思。1492年哥伦布发现美洲新大陆的时候，当地的土著首领手执长烟管和哥伦布比手画脚，浓郁的雪茄烟味四溢，哥伦布闻香惊叹，便通过翻译问道："那个冒烟的东西是什么？"但是翻译却误译为"你们在做什么？"对方回答："Sikar"。因而这一词就成了雪茄的名字，后逐渐演变为"Cigar"。

而"雪茄"中文命名的由来还有一段有趣的轶事，即来源于著名诗人、散文家徐志摩。1924年秋天，徐志摩在上海的一家私人会所里邀请了当年诺贝尔文学奖得主泰戈尔先生。泰戈尔是忠实的雪茄客，在两人共享吞云吐雾之时，泰戈尔问徐志摩："Do you have a name for cigar in Chinese?"（你有没有给雪茄起个中文名？）徐志摩回答："Cigar之燃灰白如雪，Cigar之烟草卷如茄，就叫雪茄吧！"经过他的中文诠释，已将原名的形与意完美体现出来，造就了更高的境界。但实际上早在晚清著名文学家李宝嘉（1868—1906）的《官场现形记》中就有雪茄的记载。但人们还是宁愿归功于徐志摩，这大概就是诗人与雪茄的双重魅力吧。

二、雪茄烟的传播

哥伦布发现新大陆后，对当地居民抽烟的行为并没有产生多大兴趣，但是他的手下却对烟草颇为着迷，不仅成了继印第安人之后的第二批烟民，还将烟草的种子和抽烟的习惯带回了西班牙。很快就引起了人们的注意，抽烟习惯也很快就经西班牙和葡萄牙传到了法国、意大利乃至整个欧洲，到了16世纪的时候，欧洲人对烟草已经相当熟悉了。

星川清亲所著《栽培植物的起源与传播》一书中称："烟草是由跟哥伦布第二次航海的罗曼伯恩于1518年把烟草种子带到西班牙的。这是烟草首次登上欧洲大陆。"1565年左右，烟草传播到英格兰，随后传遍欧洲大陆。烟草传入亚洲是在16世纪中叶，大多是从西班牙和葡萄牙传入的。1543年，西班牙殖民者沿着麦哲伦走过的航路入侵菲律宾，烟草也由此在菲律宾种植。1599年传入印度，1600年传入日本，1616年传入朝鲜。吴晗（1959）认为，烟草最早传入我国的时间是17世纪初，由福建水手从吕宋（今菲律宾）带回烟草种子，再从福建传到广东、江浙。

三、雪茄烟的分类

雪茄烟按用途一般划分为茄衣（外包皮烟）、茄套（内包皮烟）和茄芯（芯叶烟）三类（图1-1），这三类烟叶具有不同的质量要求。

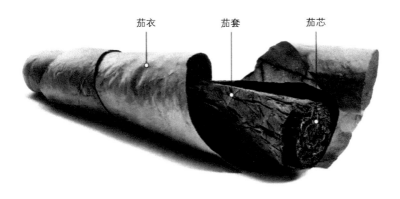

茄衣　　　　茄套　　　　茄芯

图1-1　一支成品雪茄的组成

（一）茄衣

茄衣位于一支成品雪茄的最外面，是最华丽和昂贵的部分，其重量一般占到一支雪茄的10%。茄衣的外观质量和物理质量比内在质量更为重要，因而对其香气和吃味一般不作特别要求，只要不对最终产品的香气和吃味造成明显的不良影响即可。

茄衣一般要求叶片大小适中，叶片较宽，身份较薄、完整度好，叶面平整、组织细腻，支脉细平不凸起，有较好的弹性和韧性。颜色均匀一致，光泽鲜明油润，脉色应与叶面颜色一致，并对病斑和破损有严格的要求。一般要求茄衣阴燃持火力好，走火均匀，燃烧速度适中，碳化圈窄，燃烧充分，烟灰色白而紧卷。

（二）茄套

茄套位于一支成品雪茄的中间，起到固定茄芯的作用，一般占整支雪茄烟重量的15%，对最终产品的内在质量有一定影响，所以茄套应具有较为典型的雪茄烟香气和较好的吃味。一般茄套烟叶并不单独种植，那些质量达不到要求的茄衣和较为平整、宽大的中下部茄芯都可以用作茄套。

用作茄套的烟叶要求叶片较大，叶片较宽，身份稍薄至中等；叶面较平，有较好的弹性和韧性；对烟叶颜色、均匀度和光泽无特殊要求。茄套要求阴燃持火力强，燃烧均匀，速度适中，燃烧较为充分，烟灰色白而紧卷。

（三）茄芯

茄芯位于一支成品雪茄的最里面，对雪茄的内在质量起决定性的作用，决定着雪茄的香气和吃味，一般占雪茄烟支重量的75%左右。

茄芯要求具有典型的雪茄香气和良好的吃味，并具有一定的吃味强度，同时要求燃烧性好，特别是阴燃持火力强，要求不易熄火。通常一支成品雪茄的茄芯由3~5种不同雪茄烟叶组成，有主要决定香气的，有主要决定吃味的，有主要决定燃烧性的。

第二节　世界主要雪茄烟种植产地、主栽品种及原料特点

优质雪茄烟叶只在世界上为数不多的几个国家种植，适宜的气候、土壤、地形以及丰富的种植经验等都是必不可少的因素。古巴、多米尼加、印度尼西亚、美国、洪都拉斯等国家被认为是世界上种植雪茄烟叶最好的地区，其中以古巴最为著名。

一、古巴

古巴是世界雪茄之都，生产的雪茄烟享誉世界，目前全世界有50多个国家进口古巴雪茄。独特的小气候、富含矿物质的土壤和特殊的栽培技术造就了香气馥郁、口感纯净、带有胡椒味的古巴烟叶（WIKLE，2015）。位于古巴西部比那尔德里奥（Pinar del Río）的布埃尔塔阿瓦霍（Vuelta Abajo）被视为世界上最著名优质雪茄烟叶种植地之一（王丽莉，2011；陶健等，2016）。古巴另外4个烟叶产区分布于圣安东尼奥德·洛斯·巴诺斯（San Antoniode los Banos）的帕蒂多（Partido）、斯佩蒂图斯桑提（Sancti Spititus）西部的雷梅迪奥斯（Remedios）、圣克里斯托瓦尔（San Cristobal）的塞米布埃尔塔（Semi Vuelta）和谢戈德阿维拉（Ciego de Avila）的东北部，其中布埃尔塔阿瓦霍和帕蒂多是出口雪茄烟叶最多的两个产区（贾玉红等，2014）。

古巴雪茄烟叶品种对世界雪茄发展具有极其重要的作用，许多国家的主栽品种都是从古巴直接引种或者以古巴品种作为亲本选育而来。目前世界上大部分雪茄烟叶生产国使用最多的是来源于古巴的5个品种：Habana92、Habana2000、Corojo以及杂交品种Criollo98和Corojo99，其中Corojo通常用作茄衣，Criollo98被

用作茄芯。此外，古巴近些年推广的品种Havana2012和不育品种Habana2006也分别在茄衣和茄芯生产中被广泛应用。美国康涅狄格州是世界著名的优质雪茄烟叶产地之一，于1870—1880年引进古巴品种Havana Seed后，在其产区间迅速传开并取代了部分当地的阔叶烟品种；尼加拉瓜目前大面积种植的古巴品种主要有Habana2000和Corojo的杂交种以及用作茄芯的Criollo98；洪都拉斯种植了古巴品种Criollo98、Corojo99；多米尼加共和国种植了古巴品种Piloto Cubano。Habana品种古巴烟叶颜色多为红褐色和深褐色，光泽较强，油分较足，叶片较宽大，脉筋纤细平顺，柔韧性好，适用性好；具有典型的雪茄风格韵调，吃味熟甜，略带辛辣，有咖啡、可可等香韵，带有胡椒味，口感较强烈，生津回甜好，燃烧性好，灰色略偏灰黑色（图1-2）。

图1-2 古巴Habana品种茄衣烟叶

二、印度尼西亚

印度尼西亚烟草的种植历史可追溯到18世纪末，该国丰厚的火山灰以及海洋性气候带来的充沛降水量，使之成为国际上土地最肥美的国家之一。苏门答腊和爪哇是雪茄烟叶主要的种植区，其中东爪哇的种植面积最大，东爪哇属热带性气候，终年平均温度在28～30℃，适宜种植雪茄烟叶（任天宝，2017；赵瑞，2015）。印尼的烟叶有明显的风格特色，通常表现出较好的花香和青草味，且带有明显的地方性气味。主栽品种有Java Besuki/NO（图1-3）、Dark fired、Java Besuki/VO（Kasturi）、Jatim VO、Sumatra、Madura、TBN、Vorstenlanden NO/VBN/FIK等（贾玉红等，2014）。

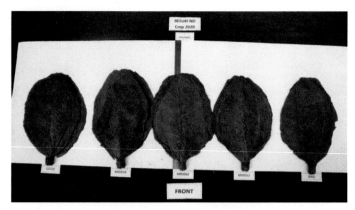

图1-3 印尼Besuki品种烟叶

苏门答腊东海岸是著名茄衣产区，主要的栽培品种为Besuki和Sumatra，这种烟叶色深味浓，香气丰富，是优质的茄衣材料。Besuki烟叶颜色多为青褐和黄褐色，光泽稍暗，油分稍显不足，脉筋较细顺平，可用于中低档手工茄衣，广泛用于机制雪茄茄衣烟叶。内在质量方面，有雪茄型香气，强度中等，稍带苦涩味，燃烧性、灰色均较好。Sumatra在世界上其他雪茄烟产地被大量种植，如中非共和国和喀麦隆种植的"Cameroon"、墨西哥圣安地列斯山谷中种植的Mexican-Sumatra、厄瓜多尔种植的Ecuadorian-Sumatra等。

三、美国

美国有很多地区种植雪茄烟，其中最优质的产区是康涅狄格州。在康涅狄格州有两处比较著名的雪茄烟叶种植地：一处是胡萨托尼克山谷，该区主要种植阴植茄衣品种和阔叶品种，其特有的沙质土壤，使得Connecticut阴植茄衣有着令人难忘的口感；另一处是著名的康涅狄格州河谷地区，这一区域种植着非常有特色的烟叶品种，由于当地的土壤是在冰川时代沉积下来的，质地与火山灰土壤相比较为松软，种植出来的烟叶口感较为柔和。目前在康涅狄格州主要种植遮阴栽培的茄衣品种Connecticut Shade、阔叶品种Connecticut Broadleaf Wrapper以及古巴品种Havana Seed 3种类型的烟叶。Connecticut Shade叶片弹性好、叶脉细而不突出、组织细密、颜色均匀一致、燃烧均匀，是世界上公认的优质茄衣之一；Connecticut Broadleaf Wrapper烟叶密度大，油分大，颜色深，通常用于制作Maduro茄衣（图1-4）。

图1-4 美国Broadleaf品种烟叶

　　康涅狄格州的优质茄衣品种被世界多个雪茄烟叶产区引进种植，其中有厄瓜多尔种植的Ecuadorian-Connecticut、中国四川产区种植的阔叶品种Connecticut Broadleaf Wrapper、牙买加种植的Connecticut Shade。洪都拉斯部分地区也引进了Connecticut Shade，并与引进的具有浓烈香味的Criollo、遮阴种植的Corojo两个古巴品种一道用作雪茄的外包叶（LEWIS，2005）。

四、多米尼加

　　多米尼加共和国位于古巴东面，是当今世界最大的茄芯烟叶生产国，与古巴具有类似的土壤、气候条件，符合优质雪茄茄芯烟叶生产。特别是雷尔（Real）地区与锡瓦奥（Cibao）河谷地区，生产出的烟叶口味爽滑、温和，并带有古巴烟叶的胡椒味道。这两块峡谷富含多种矿物质的土壤，造就了当今世界上最为上乘的两种长叶茄芯品种：Olor Dominicano和Piloto Cubano。在多米尼加著名的烟叶品种还有Criollo，其中品质最好的为Piloto Cubano（曾代龙，2009），其口感丰富、细腻，具有典型的雪茄风格韵调，吃味较熟甜，略带香草、可可等香韵，有胡椒味，强度中等，适用性好，燃烧性、灰色均较好（图1-5）。

图1-5 多米尼加Piloto Cubano品种茄芯烟叶

五、洪都拉斯

从多米尼加向西，位于加勒比海另一端的洪都拉斯是世界优质雪茄的第二大产地，这里丘陵起伏、茂林密布、地形崎岖，气候比古巴和多米尼加更热、更干燥，全国只有20%的面积适合耕种。主要种植区域在加瓜（Jagua）和拉恩特拉达（La Entrada）山谷一带（WIRTZ，2012），这里土壤肥沃，生产出的烟叶以浓烈、辣味和芳香闻名，主要种植品种有来自古巴的Criollo98、Corojo99和来自美国的Connecticut。洪都拉斯烟叶颜色偏深，多为褐色和深褐色，光泽较好，油分较足，脉筋较细；具有典型的雪茄风格韵调，吃味较熟甜，略带木香、可可等香韵，有胡椒味，强度中等至浓郁，适用性好，燃烧性好，灰色稍偏灰黑色（图1-6）。

图1-6 洪都拉斯雪茄品种烟叶

六、巴西

位于南美洲的巴西气候条件优越，适合上乘雪茄烟叶的种植，主产区有巴伊亚（Bahia）、玛塔·菲娜·克鲁兹·达斯·阿尔马斯（Mata Fina Cruz das Almas）、玛塔·菲娜·阿尔梅达（Mata Fina Almeida）、玛塔苏尔（Mata Sul）和玛塔诺特（Mata Norte）。其中最上等的巴西烟叶来自玛塔·菲娜的孔卡沃（Reconcavo）区，那里的土壤和气候是出产优质巴伊亚烟叶的先决条件。该国雪茄烟叶品种丰富，主要有Brazilian Mata Fina、Brazilian Arapiraca、Arapiraca、Bahia、Galpao和Bom Jardim（贾玉红等，2014）（图1-7）。

图1-7 巴西Arapiraca品种烟叶

巴西雪茄烟叶品质优良,是全球雪茄烟主要的原料来源地之一,著名的丹纳曼雪茄就在这里建有分厂和原料基地,部分规格的产品全部采用巴西雪茄烟叶生产。巴西雪茄烟叶吃味较熟甜,有较为明显的蜜甜、香草香气韵调,口感丰富,强度中等至浓郁,适用性好,燃烧性、灰色较好。Arapiraca雪茄烟叶颜色多为深褐色和黑褐色,光泽较好,油分较足,筋脉纤细顺平,身份稍薄至中等,叶片较狭长,有典型的雪茄风格韵调,烟味较浓,质地细腻,口感回甜生津。Mata Fina雪茄烟叶颜色多为黄褐色、浅褐色,光泽较好,油分较足,筋脉纤细顺平,身份稍薄至中等,叶片较宽圆,雪茄风格典型,口感爽滑细腻。

七、墨西哥

墨西哥优质雪茄烟叶产区主要在韦拉克鲁斯的山谷地区,其中最著名的是圣安德烈斯图斯特拉,该地区气候适宜、土地肥沃、种植雪茄烟叶历史悠久,以生产茄套著称,同时也生产口味浓重、略带辛辣的茄衣,还有少量茄芯。其中最有名的是颜色发黑、口味辛辣的San Andreas Negro,它被广泛用作浓烈雪茄的茄套,有时也被用作茄芯。该品种雪茄烟叶颜色多为褐色和深褐色,光泽较暗,油分尚好,筋脉较细;具有较典型雪茄型香气韵调,吃味较熟甜,略带巧克力、土壤等香气韵调,有胡椒味,强度较为浓郁,燃烧性灰色较好(图1-8)。

图1-8 墨西哥San Andreas Negro品种烟叶

八、牙买加

牙买加是加勒比海的一个群岛国家，距离古巴很近，以悠久的雪茄生产历史而闻名世界，是世界上公认的制造温和口感雪茄的烟叶生产国。其主要种植区域在牙买加岛东北部的圣玛丽（St Mary）区和安德烈斯（Andres）群岛南部的岛屿，主要种植来自古巴的Criollo、Corojo、Havana Seed品种，另外也少量种植美国康涅狄格遮阴栽培的茄衣品种Connecticut Shade。

九、尼加拉瓜

尼加拉瓜是中美洲地区最晚开始生产雪茄的国家，但是优越的自然条件和土壤让它具有得天独厚的烟草种植环境。该国家火山众多，有两块肥沃的烟叶种植地：哈拉帕和埃斯特利，可生产出质量上乘的茄芯、茄套和茄衣。主要的烟叶品种为Cuban Seed、Ecuador-Connecticut Habano。尼加拉瓜烟叶颜色多为褐色和深褐色，光泽较好，油分较足，脉筋较细；具有典型的雪茄风格韵调，吃味较熟甜，略带木香、可可等香气韵调，有胡椒味，强度中等至浓郁，适用性好，燃烧性好，灰色稍偏灰黑色（图1-9）。

图1-9 尼加拉瓜Habano品种烟叶

十、喀麦隆

喀麦隆位于非洲大陆中西部赤道附近，气候及土壤条件适合茄衣烟叶的生长。主栽品种是Cameroon。喀麦隆茄衣烟叶颜色较深，口感丰富，香气十足。

十一、厄瓜多尔

厄瓜多尔位于南美洲大陆西北部赤道附近，海拔3 500 m的科迪勒拉山系具有的浓雾可作为天然纱帐，气候条件十分适合茄衣烟叶的生长。厄瓜多尔茄衣烟叶颜色较浅，是中美洲加勒比地区茄衣烟叶的主要来源地。主栽品种是Habano、Connecticut Shade和Ecuadorian-Sumatra等。外观质量方面，Connecticut品种茄衣颜色多为黄褐和浅褐色，光泽较好，油分较足，脉筋纤细顺平，身份稍薄；Habano品种茄衣颜色多为红褐和褐色，光泽较好，油分较足，脉筋纤细顺平，身份稍薄至中等。厄瓜多尔雪茄烟叶具有典型的雪茄风格韵调，有可可、香草等香韵，吃味温和，口感略偏辛辣，强度中等，适用性好，燃烧性、灰色好（图1-10）。

Habano品种茄衣   Connecticut品种茄衣

图1-10　茄衣

十二、中国

中国晾晒烟种植历史悠久，晾晒烟种质资源保存数量丰富（王志德等，2014，2018；张兴伟，2019），但是最近十年才开始进行雪茄烟的大规模引种和栽培。本土晾晒烟如什邡毛烟、广东廉江晒红烟、贵州打宾烟及广西武鸣晾烟等都曾是良好的雪茄原料（訾天镇，1988；金敖熙，1978）。目前中国雪茄原料产区有四川、云南、海南、湖北、湖南、福建、山东、广西、安徽、贵州、陕西等地。

四川省主要的雪茄烟产区是位于四川腹地成都平原的什邡，该地区气候适宜、土壤肥沃、灌溉便利，2022年种植面积为4 200亩（1亩约为667 m²），以露天种植茄芯为主，亦可生产优质茄衣，享有"中国雪茄之乡"美誉。雪茄烟叶品种有多米尼加短芯、多米尼加长芯、德雪1号、德雪3号、什烟1号、川雪5号、中雪3号等。

云南省具有"北回归线的阳光，低海拔的河谷小气候"，雪茄烟产区主要分布在临沧、普洱、德宏、玉溪等地，2022年种植雪茄烟1.1万亩，种植品种主要是云雪1号、云雪2号等。

中国的海南与古巴的气候条件和土壤条件极为相似，温度适宜、光照充足、雨量充沛，植烟土壤多为红色土壤至沙壤土，矿物质含量丰富（邹海平，2015）。其烟叶风格上接近古巴雪茄，吸味具有较浓郁的雪茄香味，香气较纯正、较浓郁，劲头适中，余味较舒适，燃烧性较好，灰色灰白。海南雪茄烟叶种植区主要分布在海口市至三亚市一线以西地区，包括儋州、昌江、白沙、东方、五指山和屯昌等地，2022年种植雪茄烟1 800亩，种植品种有海南一号、海南二号、建恒一号、建恒二号、海研系列等。

湖北产区主要包括来凤、丹江口和宜昌等地，属亚热带大陆性季风湿润型山地气候，终年湿润，降水充沛，2022年种植规模达4 500亩左右，茄衣茄芯均有种植。主要雪茄烟品种为楚雪系列。湖北原料整体以清甜香为主，浓度为柔和至温和。

山东产区主要包括临沂、潍坊、日照等地，2022年种植面积为1 100亩，种植品种为QX103、QX204、QX201和中雪系列等。山东不仅是中国近代烟草工业发祥地，也是"东方雪茄的原生地"。早在清朝光绪年间，以兖州为核心的雪茄烟种植与生产就已开始。山东雪茄的发展得到了国家烟草专卖局领导和行业的高度认可和大力扶持，2006年，山东中烟工业有限责任公司被国家烟草专卖局指定为四家雪茄定点生产企业之一，泰山雪茄以"东方口味、现代技艺、时尚格调"的产品风格，以独有的醇香甜润味深得民心，在当代东方雪茄产业中占据重要地位。

相比于国外雪茄原料，国内雪茄原料整体表现为醇香、口感醇和，甜润感明显，香气柔和。

第三节 雪茄烟产业现状与发展前景

一、世界雪茄烟产业现状

2016—2020年，全球雪茄消费延续增长势头（图1-11）。2020年，全球销售雪茄311.9亿支，较上年增长4.8%；其中常规雪茄销量158.1亿支，小雪茄销售153.8亿支，常规雪茄销量首次超过小雪茄。实现销售额398.4亿美元，较上年增长16.1%，其中常规雪茄销售额350.7亿美元，较上年增长17.5%，占总销售额的88.03%，小雪茄销售额47.7亿美元。较上年增长5.6%。

美国作为全球最大的雪茄市场，2020年销售雪茄141.8亿支，较上年下降1%，这是5年来首次下降，其销量占全球市场销量的45.46%（图1-12）。中国市场增长强劲，年销量为54.5亿支，占全球市场销量的17.47%。其次是德国和西班牙，销售28.4亿支和21.6亿支，分别较上年下降2.1%和0.1%。

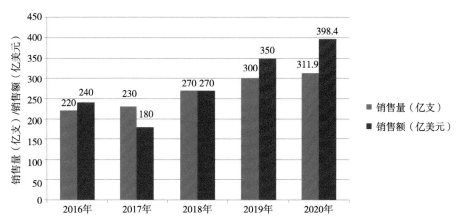

图1-11 2016—2020年全球雪茄烟销售量及销售额

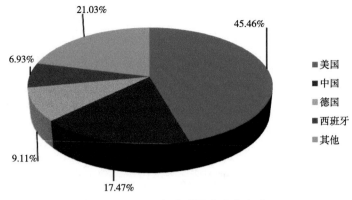

图1-12 2020年全球雪茄消费占比

二、中国雪茄烟产业现状

2013—2020年国产雪茄烟销量从4.32亿支增加到54.5亿支，年均增长率43.64%，销售额年均增长30%以上，消费势头十分强劲，雪茄烟已经成为烟草行业新的经济增长点，是促进传统卷烟升级、延伸产业链、推动烟草高质量发展的重要途径。雪茄产业的快速发展对原料和产品提出了新要求。

近年来，四川、海南、云南、湖北、山东等产区积极开展国产雪茄烟叶试种，在雪茄烟叶品种筛选上进行探索研究，但由于国产雪茄烟叶发展总体起步较晚，在国产雪茄烟叶开发和应用关键技术上存在明显短板和制约瓶颈，尚未形成整体贯通的国产雪茄烟叶开发和应用产业链，国产雪茄烟叶质量不高、规模较小，优质原料保障能力明显不足，难以满足当前雪茄产品配方需要，行业中高端雪茄的茄衣、茄套、茄芯原料基本依赖进口，缺乏自主掌控能力。这些瓶颈性问题，严重影响和制约着中式雪茄的塑造和国产雪茄烟的发展。

有鉴于此，国家烟草专卖局于2020年5月12日启动了"国产雪茄烟叶开发与应用重大专项"。该专项计划用5年左右时间，初步突破国产雪茄烟叶开发与应用的关键技术瓶颈，打通国产雪茄烟叶开发和应用的产业链，实现对进口原料的部分替代，为中式雪茄的塑造和国产雪茄烟的发展提供有力支撑。

"国产雪茄烟叶开发与应用重大专项"实施两年以来，国产雪茄烟叶供给规模迅速扩大，全国雪茄烟叶收购量由2019年的7 000余担增加到2022年的5万余担。供给质量稳步提升，国产雪茄烟叶已初步实现"可用""能用"的重大突破，正在向"好用"的方向奋力迈进。消费市场持续扩大，国产手工雪茄由2017

年的200万支到2021年的超过2 000万支，年均增长超过70％，中国已经成为全球雪茄消费增速最快的市场。

三、中国雪茄烟发展前景及建议

作为世界第一烟草大国，我国拥有庞大的潜在雪茄消费群体。十九届五中全会高度评价我国决胜全面建成小康社会取得的决定性成就，提出了到2035年基本实现社会主义现代化的远景目标。预计到2035年，我国将有8亿中产阶级。随着人们生活水平的提高，将会有更高更多的雪茄消费需求。"国产雪茄烟叶开发与应用重大专项"实施两年以来，国产雪茄产业正处于快速发展的"黄金窗口期"。大力发展中式雪茄，不断提升消费品质，持续营造推广雪茄文化，满足国内消费者日益增长的雪茄消费需求，这必将成为烟草行业新的经济增长点，必将是促进传统卷烟升级、延伸产业链、推动烟草高质量发展的重要途径。

（一）打造中式雪茄发展理念

与中式卷烟的发展路径类似，无论从国家安全角度考虑，还是从民族品牌建设角度考虑，无论从消费习惯角度考虑，还是从文化自信角度考虑，国产雪茄都需要打造中式雪茄发展理念。那么到底什么是中式雪茄呢？众说纷纭，莫衷一是。我们认为首先要牢牢抓住雪茄烟叶品种自主权，以种植自主品种为主，以使用国产雪茄原料为主，以满足中国雪茄消费者消费习惯为目的，包含了独特的中式风格、口味、文化和元素的雪茄。中式雪茄包含新"五位一体"，即中式雪茄就是要以中国品种、中国原料、中国元素、中国味道、中国文化为主（图1-13）。

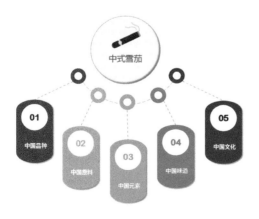

图1-13　中式雪茄的新"五位一体"

（二）做好三个定位研究

中式雪茄尚处于破题阶段，国产雪茄烟叶要实现品质、规模双提升，从而逐步替代进口原料，仍然有很多工作需要去做。在今后中国雪茄烟原料发展中，应着重做好"三个定位"（王剑，2019）。

原料产区定位。"生态决定特色，品种彰显特色，技术保障特色"。国外不少知名雪茄品牌都有其固定的烟叶原料产区。国产雪茄烟叶同样需要像烤烟一样，做好种植区划，针对品牌建立雪茄原料基地（定制化雪茄烟叶开发园）。只有这样，才能保障原料质和量供应的稳定性，从而保证产品质量的稳固和提升。

产区品种定位。产区方面，可根据烟叶感官特征进行原料的运用定位，明确茄衣品种和茄芯品种的具体定位，同时对部分品种进行改良推广。生产企业方面，可收集整理国内外品种资源，在中式雪茄系列产品风格定位基础上，确定产品品牌与雪茄烟品种对应关系，建立相应的品种资源库。

品种技术定位。坚持"工业主导，商业主体，科研主力"的合作开发模式，工业企业加大对烟叶生产的介入力度，在产区针对不同的茄衣、茄芯品种，配套相应的栽培、调制、发酵和醇化技术。建立种植产业链技术管理体系，培育职业化与专业化的雪茄烟叶生产队伍，提高烟农的种植水平，进而提高烟叶质量，保证雪茄品质。

（三）在原料保障和产品研发上同时发力

雪茄产业的快速发展对原料和产品提出了新要求。如何尽快突破技术瓶颈，补齐短板，引领产业发展，提升烟叶原料的内在品质和质量安全，为雪茄产业提供原料保障，尽快构建与之相适应的生产技术和质量标准体系，如何尽快提升民族品牌核心竞争力成了关系行业可持续发展的战略性、全局性、长远性重大课题。

在雪茄烟叶原料开发方面，根据国内不同雪茄烟叶产区的生态特点，研究建立适宜于各区的优质雪茄烟叶生产技术体系，进而在各区进行规模开发，实现优质国产雪茄烟叶原料的稳定供给，实现国产雪茄烟叶原料对进口烟叶原料的逐步替代。在雪茄产品开发方面，开发适合中国消费者需求的产品，打造中式雪茄的特色，全面引导国内雪茄市场的消费习惯，培育新的雪茄客群体。

当前，国产雪茄销量呈现爆发性增长。在推进我国雪茄事业发展的新形势下，国家烟草专卖局及行业工商企业应当共同抓住当前机遇，在国产雪茄原料政策扶持、生产投入、产业结构优化、科技创新、队伍建设、标准建立等方面，形成合力，为雪茄烟叶国产化作出新的成绩。我们有理由相信，中式雪茄原料保障未来可期，中式雪茄高质量发展未来可期。

第二章 雪茄烟育种

雪茄烟育种的基本任务是综合运用植物遗传学、作物育种学以及其他相关学科的理论和技术，对雪茄烟种质资源的遗传组成进行有效的改良和创新，培育和创造雪茄烟优良新品种，不断满足中式雪茄生产发展的需求。

第一节 雪茄烟种质资源

一、种质资源是国家战略资源

种质资源是指选育植物新品种的基础材料，包括各种植物的栽培种、野生种的繁殖材料以及利用上述繁殖材料人工创造的各种植物的遗传材料。种质资源的重要性有目共睹，诚如"一粒种子可以改变一个世界，一个品种可以造福一个民族"所说的那样，这一点从两次绿色革命均是由发现利用优异种质资源所导致的结果就可以清楚看到。2021年7月9日，为打好种业翻身仗，中央全面深化改革委员会第二十次会议审议通过了《种业振兴行动方案》。习近平主席强调，保障种源自主可控比过去任何时候都更加紧迫；必须把种源安全提升到关系国家安全的战略高度，集中力量破难题、补短板、强优势、控风险，实现种业科技自立自强、种源自主可控。我国《"十三五"国家科技创新规划》将种质资源研究列为发展现代农业、突破生物育种的关键核心技术。中国工程院刘旭院士在各种场合多次谈到，种质资源属于国家战略资源。2020年中央经济工作会议上提出"解决好种子和耕地问题"。农业农村部唐仁健部长指出，种子是农业"芯片"，要加快种源卡脖子技术攻关。

二、完善的烟草种质资源保存体系

我国非常重视烟草种质资源工作，从20世纪50年代就开始进行烟草种质资源的收集保存工作，现已形成"三库一平台"的国家级烟草种质资源研究布局，其依托单位是中国农业科学院烟草研究所。"三库一平台"具体是指农业农村部的烟草种质资源中期库、科技部的国家作物种质资源库烟草分库、中国烟草总公司的中国烟草种质资源库和中国烟草种质资源平台。截至2021年底，收集编目各类烟草种质资源6 268份，独家保存烟草种质资源份数居世界第一位。其中保存雪茄烟种质资源345份，这是国内目前数量最多、类型最全的雪茄烟种质资源，来自古巴、多米尼加、印度尼西亚、菲律宾、美国、巴西和中国等国家（图2-1）。库存的其他类型烟草种质资源中，仍有相当比例资源具有雪茄风格，需要深入挖掘鉴定和利用。其他如海南省烟草公司海口雪茄研究所（以下简称海口雪茄所）、云南省烟草农业科学研究院（以下简称云南院）、四川省烟草科学研究所（以下简称四川烟草所）和湖北省烟草科学研究院（以下简称湖北院）等单位也保存一定数量的雪茄烟种质资源。

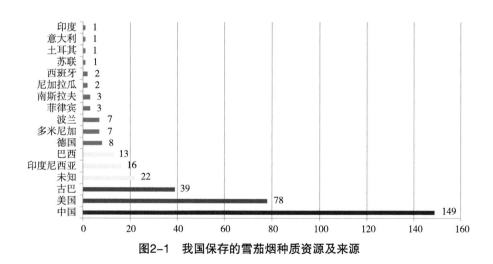

图2-1　我国保存的雪茄烟种质资源及来源

三、系统的雪茄烟种质资源鉴定

对雪茄烟种质资源在海南、四川、山东进行了连续多年全面的编目鉴定。依据《烟草种质资源描述规范和数据》，对雪茄烟种质资源进行了植物学性状鉴定、农艺性状鉴定、晾制后外观质量定价、物理性状检测、常规化学成分检测、抗病性鉴定和评吸。筛选出一批优异资源，在四川、湖南、福建、山东、安徽、陕西等产区试种推广，得到了产区商业公司和工业公司的初步认可。其中在四川种植的9份优质雪茄烟品种，亩产量比现有主栽品种增加16.7%，亩产值增加28.3%。获工业行业认可，"十四五"计划收购3 000担以上。

研究筛选了48对雪茄烟SSR（Simple Sequence Repeat，简单重复序列）核心引物，利用SSR核心引物对现有雪茄烟种质资源进行了系统查重、遗传多样性分析、指纹图谱构建（王琰琰，2021）。构建了国内外首套雪茄烟SNP（Single Nucleo tide Polymorphism，单核苷酸多态性）指纹图谱（Yan，2021）。系统鉴定了现有雪茄烟资源，明确了所用材料的遗传背景，为雪茄烟种质资源的有效利用奠定了坚实基础。初步构建完成雪茄烟育种分子技术体系。通过全基因组关联分析，开发13个雪茄烟重要性状相关育种分子标记20对。

第二节　雪茄烟育种目标

现阶段雪茄烟育种具体任务包括研究筛选一批雪茄烟叶优良品种，明确适宜种植区域，形成适应区域生态特点的茄衣、茄芯主栽品种，满足国产雪茄烟叶生产和雪茄烟产品开发需要。对国内现有的雪茄品种资源进行评价鉴定，积极引进国外雪茄品种，构建中国雪茄种质资源库。

应该说，优质、特色和高效是雪茄烟育种永恒的目标，没有止境。本书为了更好展示不同阶段的育种目标和育种进程，特意人为划分了短期目标、中期目标和长期目标。

一、短期目标

以"优质"为主攻目标，对标古巴等国雪茄烟主栽品种，培育具有自主知识产权的优质雪茄烟品种，同时对雪茄烟产区主栽品种进行定向改良。

目前中国农业科学院烟草研究所已经培育出"中雪"系列优良新品系，得到工业评价认可；针对雪茄烟主产区主栽品种的定向改良也已达到较高世代。行业其他雪茄烟育种单位，如海口雪茄研究所、云南院、湖北院和四川烟草所，也开展了许多卓有成效的工作。优质雪茄烟品种自育的短期目标有望如期实现。

二、中期目标

以"特色"为主攻目标，全面满足"中式雪茄"对不同特色原料的需求。一般所讲的"特色"是针对茄芯而言。通常茄芯原料考虑三方面因素：吃味型、香气型和燃烧型。

中国农业科学院烟草研究所在3种类型茄芯上储备了众多优异资源，对这三种类型可能高度相关的化学成分，如冷杉醇、糖脂、西柏三烯二醇、钾离子等方面开展深入研究，持续创新。行业其他雪茄烟育种单位，如海口雪茄所、云南院、湖北院和四川烟草所，也开始布局相关研究工作。另外湖北院在雪茄烟低NNN（N'–Nitrosonornicotine，N–亚硝基降烟碱）性状上材料及技术储备丰富。综上有望在未来几年实现中期目标。

三、长期目标

以"高效"为主攻目标，降低生产成本，促进雪茄烟产业可持续发展。在"高效"的育种目标下，如何实现减工降本，有多项任务值得深入研究，如不遮阴茄衣、整株采收、易晾易发酵等。

中国农业科学院烟草研究所已经筛选鉴定出适合不遮阴的优质茄衣资源，由其配制的茄衣组合在不遮阴的条件下，茄衣产出率较高；另外筛选到在成熟期时上中下部位叶片几乎同时落黄的资源，在整株采收晾制上很有前景；还筛选到易晾易发酵的雪茄烟资源。这些功能各异资源的筛选、鉴定工作，为"高效"雪茄烟育种奠定材料基础。行业其他育种单位也保存了一定数量的雪茄烟种质资源，在精准鉴定的基础上，相信会挖掘一些优异资源。在国家烟草专卖局的统一指挥和领导下，只有行业各家雪茄烟育种单位群策群力，分工协作，发挥各自优势资源，携手加快育种进程，才能实现雪茄烟育种的"高效"目标。

第三节　雪茄烟育种技术

一、育种途径

烟草与其他作物一样，其遗传变异主要来源于基因突变和基因重组，育种的成败直接取决于原始群体的遗传变异性（佟道儒，1997；杨铁钊，2011）。育种学根据改变生物遗传变异的方法不同，而形成多种多样的育种途径。例如国外引种指从外国引进新品种，通过适应性试验，直接应用于生产；系统育种指利用自然变异"优中选优"的育种技术；杂交育种指利用杂交导致基因重组，在后代中定向选择的育种技术；诱变育种指利用物理、化学方法人工创造变异的育种技术；生物育种包括利用基因工程、细胞工程和胚胎工程等现代生物学技术，培育和推广一系列性状优良的动植物新品种的育种新技术。

二、育种方法

雪茄烟育种工作很少把单一性状作为选择目标，而是综合性状的遗传改良。优良品种一般是优质、抗病、高产、广适的综合体，而即使是烟叶品质，它也是由多个性状组成。目前雪茄烟育种以国外引种和杂交育种为主，诱变育种和生物育种等育种方法也正在发挥着作用，而且可以预见将在雪茄烟育种中发挥越来越大的作用。

（一）国外引种

国外引种是解决中国雪茄烟生产上迫切需要优良品种的最迅速、有效的途径。因为一个新品种的选育年限比较长，而引进国外品种简便易行，经过试验很快就可以在生产上使用。例如云雪1号、云雪2号、多米尼加短芯、多米尼加长芯、德雪1号、德雪3号、海研201、CX14、CX26、QX103、QX204、QX201等品种都是国外引种，这对发展我国雪茄烟生产，提高烟叶质量，增加经济效益发挥了重要作用。

引种一是要了解雪茄烟品种对光温的反应与引种的关系。一般而言，同纬度的不同国家间的温度和光照变化相对较小，引种容易获得成功。二是优先从生态条件相近的地区引种。三是要做好检疫，尤其是霜霉病的检疫。四是做好观察试验、品种比较试验、区域试验和生产试验。在引种过程中，要坚持先试验后推广及引种与选择相结合的原则。

（二）系统育种

系统育种是在原有优良品种的基础上选择优良变异单株，对原有品种存在的缺点进行改良。可省去人工创造变异，还具有优中选优、不断改进品种的作用。如中烟103（罗成刚，2008）和中烟104（刘洪祥，2010）均是由红花大金元系统育种而来。

系统育种需要注意以下4点：一是确定选株对象，一般为生产主栽品种；二是选择可以遗传的变异株；三是熟悉品种性状，明确选株标准；四是注意选择单株的时期。第一次是在旺长期进行，根据长势长相、起身快慢等进行选择。第二次是在中心花开放期进行，除对第一次选择进行复选外，根据株高、叶数等再进行选择。第三次是在腰叶成熟期进行，除对第二次选择进行复选外，根据抗病性和成熟特性进行选择。

（三）杂交育种

杂交育种之所以成为新品种选育的有效方法，基本原因在于通过杂交后代的基因重组，产生各种各样的变异类型，为育种提供了丰富的材料。具体又分为纯系品种和不育系杂交种。如川雪5号是利用杂交育种方式选育的纯系品种（系），中雪3号是利用杂交育种方式选育的不育系杂交种（系）。

杂交育种亲本选配至关重要，需要注意以下4点：一是亲本的优点要多、缺点要少，亲本间主要优缺点能够互补；二是选用当地推广的优良品种作为亲本之一；三是生态类型差异较大、亲缘关系较远的材料作亲本；四是选用配合力好的材料作亲本。

（四）诱变育种

诱变育种可以人为创造大量变异，易于打破基因链锁和促进基因重组，加快育种进程，因此在育种中被广泛使用。诱变具体又分为化学诱变和物理诱变。中烟301就是利用化学诱变剂EMS（甲基磺酸乙酯）处理中烟100后选择培育而成的。

提高诱变频率和鉴定筛选有利用价值的突变体是诱变育种的关键。诱变育种工作中应注意以下4点：一是诱变因素的利用；二是诱变剂量及处理强度；三是诱变材料的选择；四是M_1、M_2及后代群体大小和突变体的筛选等。

（五）生物育种

生物育种目的性强，可以按照人们的意愿定向改造生物；不受物种的限制；育种周期短。如中烟300（程立锐，2019）即是利用分子标记辅助选择等生物手段结合传统育种技术育成的。

当前，现代生命科学和生物育种技术创新加快突破，孕育着新一轮农业科技革命。基因编辑、全基因组选择等生物技术（BT）与大数据、人工智能等现代信息技术（IT）交叉融合，形成以BT+IT为典型特征的高效农业生物育种技术体系，将强力推动精准化、高效化、智能化种业技术革命，驱动现代育种技术快速变革迭代，对全球生物种业格局和农产品供给产生重大影响。

在生物育种方面，应立足国情，瞄准短板，有所为有所不为。以创制培育重大战略性品种为目标，力争在农业生物关键基因功能解析、优异基因型智能设计等重大基础研究领域取得重大发现；突破转基因、基因编辑、全基因组选择、干细胞育种、智能设计等关键核心技术；构建种业全链条溯源，高通量、智能化大规模筛选测试等种业科技创新支撑体系，促进高质量生物育种创新利用。

第四节　主要雪茄烟品种介绍

一、川雪5号

以优质、多抗、丰产为主要育种目标，选用对TMV（烟草花叶病毒）免疫、叶片薄、叶数多的种质J20为母本，以古巴中抗TMV、叶片厚薄中等、叶数较少的优质种质Ha20为父本配制杂交组合，经杂交聚合目标性状后，采用系谱法选育而成雪茄烟纯系品种。川雪5号由中国农业科学院烟草研究所、中国烟草总公司四川省公司、四川省烟草公司德阳市公司和四川中烟共同选育。川雪5号是国内首个通过田间鉴评并具有自主知识产权的雪茄烟叶常规纯系品种（系）。

（一）选育过程

2015年在青岛即墨试验农场以J20作母本、Ha20作父本杂交，获得F_1代杂交种子。2015年冬季在青岛即墨农场温室自交，获得F_2代种子。2016年夏季，在西昌种植F_2代种子，并进行单株选择，获得F_3代种子。2017年夏季至2018年夏季，在四川西昌进行优良株系选择。2019年至2020年夏季，在四川德阳什邡产区进行小区试验。2021年夏季，在四川德阳什邡产区进行生产试验并通过田间鉴评。2023年4月，通过全国烟草品种审定委员会审定。

（二）主要特征特性

1. 主要农艺和植物学性状

2019—2021年四川省小区试验和生产试验结果，川雪5号株型筒形，叶形宽椭圆，叶面平，叶色浅绿，平均打顶株高159.00 cm，可采叶数19.20片，茎围8.09 cm，节距8.94 cm，腰叶长59.30 cm，腰叶宽39.80 cm，叶片厚度0.350 mm，支脉2.466 mm，支脉数10.0条。田间生长势强，生长整齐一致，移栽至现蕾天数44 d，大田生育期91 d左右。

2. 经济性状

2019—2020年四川省小区试验鉴定平均结果，单叶重5.15 g，可采叶片数19.20片，亩产量为141.55 kg/亩，茄衣产出率为25.1%，主要经济指标比对照H382表现突出。

3. 品质性状

原烟颜色多黄褐色，色度较强，油分较多，身份稍薄，弹性好，叶面均匀，叶面组织细致。

经农业农村部烟草产业产品质量监督检验测试中心评价，原烟单叶重5.15 g，叶面密度为27.9 g/m²，含梗率为21.15%，厚度为0.063 mm，拉力为1.51 N，具有较好的茄衣属性。

经农业农村部烟草产业产品质量监督检验测试中心评价，总糖为0.33%，还原糖为0.11%，总植物碱为2.18%，总氮为3.30%，K_2O为4.27%，氯为0.68%。

经四川中烟工业有限责任公司长城雪茄烟厂评价，认为其以清甜、蜜甜香韵为主，辅以豆香、奶香和药香等香韵，香气较丰富，浓度中等至较浓，杂气较少，刺激性较小，余味干净，回甜感明显，燃烧性较好，灰色白。适合做茄衣。经农业农村部烟草产业产品质量监督检验测试中心评价，认为其具有典型的雪茄香气风格，程度为较显著，劲头为较大，香气质较好，香气量较足，浓度较浓，余味较舒适，杂气较轻，刺激性较轻，燃烧性较强，灰色灰白，质量档次为较好。

4. 抗病性

中国烟草总公司青州烟草研究所鉴定结果，川雪5号对TMV免疫，抗CMV（黄瓜花叶病毒），中抗黑胫病，中感PVY（马铃薯Y病毒）。全国烟草品种青枯病圃（福建）鉴定结果，川雪5号中抗青枯病。

（三）栽培调制技术要点

四川亩均种植1 500～1 600株，行距110 cm，株距40 cm。亩施氮量10 kg，氮：磷：钾的比例为1：1：2。需要多施有机肥和重视追肥。全部有机肥和磷肥以及30%的氮肥、钾肥移栽前作基肥条施，剩余的肥料作为追肥在移栽后10 d和25 d浇施。水分管理注意"浇足定根水，控制伸根水，重浇旺长水，稳浇圆顶水"，灌溉水源一定要控制氯的含量为10 mg/kg以下。

茄衣在叶片主脉发亮发白，1/3支脉变白时采收。第1次采收一般在移栽后45～50 d开始，自下而上，每次采收2～3片，2次采收间隔5～7 d。采收后的烟叶要片片叠放，且绝对平整不可折断，并及时运送至晾房，避免阳光照射。烟叶采收一般在上午进行。

晾制过程中注意控制温度和湿度的稳定，避免急剧变化。凋萎期控制相对湿度80%～90%，温度20～25 ℃，凋萎时间2～3 d；变黄期相对湿度80%～90%，温度20～25 ℃，变黄时间5～7d；变褐期相对湿度70%～75%，温度25～30 ℃，变褐时间5～7 d；定色期相对湿度45%～55%，温度32～35 ℃，定色时间7～8 d；干筋湿度30%～40%，温度35～40 ℃，干筋时间5～6 d。晾制时间24～31 d。

（四）适宜区域及生产推广情况

该品种的区域适应性广、农艺适应性强，综合性状兼顾协调，适宜我国四川烟区及国内其他同类烟区种植。

（五）品种特征图谱

1. 单株图谱

川雪5号单株图谱见图2-2。

图2-2　川雪5号单株

2.叶片和群体图谱

川雪5号叶片和群体见图2-3和图2-4。

图2-3　川雪5号叶片　　　　　　　　　图2-4　川雪5号群体

二、中雪3号

以优质、多抗、丰产为主要育种目标，选用对TMV免疫、叶片薄、叶数多的种质MSJ20为母本，中抗TMV、叶片厚薄中等、叶数较少的优质种质Ha24配制的杂交种。中雪3号由中国农业科学院烟草研究所、中国烟草总公司四川省公司、四川省烟草公司德阳市公司和四川中烟共同选育。中雪3号是国内首个通过田间鉴评并具有自主知识产权的雪茄烟叶杂交品种（系）。

（一）选育过程

2010年夏季在四川西昌试验基地以国家烟草中期库对TMV免疫、叶片薄、叶数多的种质MSJ20为母本，以中抗TMV、叶片厚薄中等、叶数较少的优质种质Ha24为父本配制杂交组合，获得F_1代杂交种子。2018年夏季在西昌种植F_1代种子，并与其他杂交组合一起进行优良株系选择。2019年至2020年夏季，在四川德阳什邡产区进行小区试验。2021年夏季，在四川德阳什邡产区进行生产试验并通过田间鉴评。

（二）主要特征特性

1.主要农艺和植物学性状

2019—2021年四川省小区试验和生产试验结果，中雪3号株型筒形，叶形宽椭圆，叶面平，叶色绿，平均打顶株高160.20 cm，可采叶数18.20片，茎围7.94 cm，节距9.12 cm，腰叶长57.50 cm，腰叶宽39.40 cm，叶片厚度0.374 mm，支脉粗细为2.348 mm，支脉数9.8条。田间生长势强，生长整齐一致，移栽至现蕾天数44 d，大田生育期91 d左右。

2. 经济性状

2019—2020年四川省小区试验鉴定平均结果，单叶重5.15 g，可采叶片数18.20片，亩产量为133.27 kg/亩，茄衣产出率为23.4%，主要经济指标比对照H382表现突出。

3. 品质性状

原烟颜色多褐色，色度强，油分较多，身份稍薄，弹性好，叶面均匀，叶面组织较细致。

经农业农村部烟草产业产品质量监督检验测试中心评价，原烟单叶重5.15 g，叶面密度为28.95 g/m²，含梗率为26.1%，厚度为0.073 mm，拉力为1.40 N，具有较好的茄衣属性。

经农业农村部烟草产业产品质量监督检验测试中心评价，总糖为0.39%，还原糖为0.14%，总植物碱为2.39%，总氮为3.42%，K_2O为4.42%，氯为0.69%。

经四川中烟工业有限责任公司长城雪茄烟厂评价，认为其以清甜香韵为主，辅以蜜甜、豆香、干草和烘烤香韵，浓度适中，劲头中等，有青杂气，余味较好，回甜生津，平衡感好，燃烧性较好，灰色白。适合做茄衣或填充型茄芯。经农业农村部烟草产业产品质量监督检验测试中心评价，认为其具有典型的雪茄香气风格，程度为较显著，劲头为较大，香气质较好，香气量较足，浓度较浓，余味较舒适，杂气较轻，刺激性较轻，燃烧性较强，灰色灰白，质量档次为较好。

4. 抗病性

中国烟草总公司青州烟草研究所鉴定结果，中雪3号对TMV免疫，抗CMV，中抗黑胫病，中感PVY。全国烟草品种青枯病圃（福建）鉴定结果，中雪3号中感青枯病。

（三）栽培调制技术要点

同川雪5号。

（四）适宜区域及生产推广情况

该品种的区域适应性广、农艺适应性强，综合性状兼顾协调，适宜我国四川烟区及国内其他同类烟区种植。

（五）品种特征图谱

1. 单株图谱

中雪3号单株见图2-5。

图2-5　中雪3号单株

2. 叶片和群体图谱

中雪3号叶片和群体图谱见图2-6和图2-7。

图2-6　中雪3号叶片

图2-7　中雪3号群体

三、QX103

（一）引进过程

QX103：2021年山东、福建田间编号是青衣3号，茄衣品种，来源古巴，由中国农业科学院烟草研究所于2011年引进提纯提供。

（二）主要特征特性

1. 主要农艺和植物学性状

QX103株型筒形，叶形椭圆，叶面平，现蕾株高180 cm，有效叶数16～18片，腰叶长×宽为65 cm×35 cm。叶尖渐尖，叶缘平滑，叶色浅绿，叶耳大，叶片主脉粗细中等，花色淡红，移栽至现蕾天数53 d，移栽至中心花开放天数61 d。

2. 经济性状

2021年山东试验鉴定平均结果，亩产量为108.77 kg/亩。

3. 品质性状

原烟浅褐色，身份较薄，油分多，色度强。外观质量优良。

经农业农村部烟草产业产品质量监督检验测试中心评价，总糖为2.38%，还原糖为2.16%，总植物碱为3.11%，总氮为3.16%，K_2O为4.54%，氯为0.67%。

经山东中烟评价，其雪茄香气风格较明显，略有古巴雪茄香韵，有木香香韵，烟气较浓郁，柔和度较好，余味较干净，刺激性较小，燃烧性好，灰色白。

4. 抗病性

中国烟草总公司青州烟草研究所鉴定结果，QX103对TMV免疫，中抗CMV和黑胫病，中感PVY和青枯病。

（三）栽培调制技术要点

山东亩均种植1 700株，行距110 cm，株距35 cm。亩施氮量7 kg，氮：磷：钾的比例为1：1：3。需要多施有机肥和重视追肥。全部有机肥和磷肥以及30%的氮肥、钾肥移栽前作基肥条施，剩余的肥料作为追肥在移栽后10 d和25 d浇施。水分管理注意"浇足定根水，控制伸根水，重浇旺长水，稳浇圆顶水"，灌溉水源一定要控制氯的含量为10 mg/kg以下。

茄衣在叶片主脉发亮发白，1/3支脉变白时采收。自下而上采收，每次采收2～3片，2次采收间隔5～7 d。采收后的烟叶要片片叠放，且绝对平整不可折断，并及时运送至晾房，避免阳光照射。烟叶采收一般在上午进行。

晾制过程中注意控制温度和湿度的稳定，避免急剧变化。凋萎期控制相对湿度90%，温度24～26 ℃，凋萎时间3～4 d；变黄期相对湿度85%～90%，温度26～28 ℃，变黄时间5～7 d；变褐期相对湿度80%～85%，温度28～32 ℃，变褐时间7～10 d；定色期相对湿度60%～70%，温度32～35 ℃，定色时间7～8 d；干筋湿度50%～60%，温度35～40 ℃，干筋时间5～6 d。晾制时间28～35 d。

（四）适宜区域及生产推广情况

该品种的区域适应性广、农艺适应性强，综合性状兼顾协调，适宜我国南方、北方主要烟区种植。

（五）品种特征图谱

1. 单株图谱

QX103单株图谱见图2-8。

图2-8　QX103单株

2. 叶片和群体图谱

QX103叶片和群体见图2-9和图2-10。

图2-9　QX103叶片　　　　　　　　图2-10　QX103群体

四、QX105

QX105是中国农业科学院烟草研究所从国外引进的茄衣品种。株型塔形，叶形宽椭圆形，株高185 cm，叶数19.8片，叶面平，叶长70 cm，叶宽40 cm，支脉数9.2条，叶长支脉比7.5左右，晾制后原烟外观质量和物理质量优良。

五、QX201

QX201是中国农业科学院烟草研究所从国外引进的茄芯品种。该品种株型塔形，叶形椭圆形，株高155 cm，叶数21片，叶长44 cm，叶宽23.5 cm，对TMV免疫，中抗CMV、黑胫病和青枯病。该品种感官质量优良。

六、QX204

QX204是中国农业科学院烟草研究所从国外引进的茄芯品种。该品种株型筒形，叶形椭圆，株高160 cm，叶数21片，叶长45 cm，叶宽25 cm，抗TMV和CMV，中感黑胫病，中抗青枯病。该品种感官质量优良。

七、云雪二号

云雪二号是云南省烟草农业科学研究院从国外引进的茄衣品种。叶形椭圆至宽椭圆形，叶色绿，叶面平，主支脉夹角70°，茎叶角度45°～60°，主脉粗细6.93 mm，田间长势较强。平均大田生育期89.9d、自然株高184.7 cm，自然叶数20.9片，打顶株高146.3 cm，有效叶数17.4片，茎围8.1 cm，节距7.7 cm，腰叶长

56.6 cm，腰叶宽31.0 cm；平均亩产量95.8 kg。该品系对TMV免疫，抗黑胫病1号小种和根黑腐病，中抗CMV和青枯病，感黑胫病0号小种、赤星病、野火病和PVY。该品种外观质量和物理质量优良。

八、海研204

海研204是中国烟草总公司海南省公司海口雪茄研究所从国外引进的茄芯品种。株型塔形，叶形椭圆至宽椭圆形，叶色绿，叶面平。平均大田生育期88.1 d、自然株高184.9 cm，自然叶数21.0片。打顶株高150.8 cm，有效叶数18.6片，腰叶长57.8 cm，腰叶宽33.4 cm；平均亩产量99.2 kg；对TMV免疫，抗黑胫病1号小种、根黑腐病和青枯病，中抗黑胫病0号小种和CMV，感赤星病、野火病和PVY。该品种感官质量优良。

九、德雪四号

德雪四号是四川省烟草公司德阳市公司从国外引进的茄芯品种。株型塔形，叶形椭圆形，叶色绿，叶面较平。平均大田生育期89.3 d，自然株高173.1 cm，自然叶数20.6片，打顶株高143.3 cm，有效叶数16.8片，茎围8.4 cm，节距8.3 cm，腰叶长58.5 cm，腰叶宽34.1 cm；平均亩产量100.0 kg。该品系对TMV免疫，抗黑胫病1号小种、根黑腐病和青枯病，中感CMV，感黑胫病0号小种、赤星病、野火病和PVY。该品种感官质量优良。

十、CX26

CX26是湖北省烟草科学研究院从国外引进的茄衣品种。株型塔形，叶形宽椭圆形，叶色绿，叶面平滑。平均大田生育期92.8 d，自然株高182.6 cm，自然叶数20.9片，打顶株高147.9 cm，有效叶数17.4片，腰叶长58.0 cm，腰叶宽33.3 cm；平均亩产量98.2 kg。对TMV免疫，中抗黑胫病1号小种，中感CMV，感黑胫病0号小种、赤星病、野火病和PVY。该品种外观质量和物理质量优良。

第三章

雪茄烟育苗

第一节　育苗要求

一、育苗的重要性

育苗是雪茄烟生产的首要环节（图3-1）。培育适时、数量充足、整齐健壮的烟苗，是完成雪茄烟种植的先决条件，是获得优质、高产雪茄烟叶的基础。

1. 培育壮苗

雪茄烟烟草种子小，幼苗嫩弱，从种子萌发到幼苗生长过程，抗逆能力较弱。通过苗床精细化管理，易于满足烟草幼苗对水、光、温、肥等条件的需求，有利于培育出健壮雪茄烟烟苗。

2. 提高整齐度

通过苗床间苗、定苗、炼苗等过程，结合去劣、去弱、留壮等措施，可确保育出纯度高、素质好、还苗快、生长整齐一致的雪茄烟烟苗。

3. 解决无霜期短的问题

在无霜期短的山东烟区，保温育苗可克服晚霜的危害，通过充分运用现代科技优势和多种育苗方式的特点因地制宜，扬长避短，为幼苗生长创造良好的环境条件，提高了移栽成活率和大田生长整齐度。

图3-1　集约化育苗

二、育苗的要求

培育壮苗是雪茄烟叶生产的一个重要环节。农谚曰："苗好一半收"，充分说明了培育优质健壮的烟苗是雪茄烟叶生产成功的基础。雪茄烟壮苗标准：成苗标准为苗龄50~55 d，烟茎直径0.6~0.8 cm，茎高10~12 cm，5~6片真叶，叶色绿，烟苗大小均匀一致、根系发达、长势健壮、无病虫害。对雪茄烟育苗总的要求是：适时、量足、苗齐、苗壮。

（一）适时

适时指在移栽适期内烟苗恰好达到成苗标准。具体来说是指当地的气温、地温适宜烟苗移栽后生长，烟苗的大小、苗龄的长短也正适宜大田移栽方式。若成苗过早，烟田气温、地温较低，导致烟苗生长缓慢，常遇晚霜、倒春寒危害，容易导致早花，叶片数减少；烟苗苗龄过长，移栽后发育不良，产质效益不高。因此，根据各地移栽适期的要求，选择适宜的播种期，确保烟苗在最佳时令移栽，育成适龄壮苗，这对于山东等北方烟区更具有重要意义。

（二）量足

按计划种植面积和大田移栽密度为测算依据，确保培育出数量充足的优质雪茄烟壮苗。若烟苗数量不足，势必移栽部分弱苗或小苗，造成烟田烟株发育不一致，给雪茄烟采收晾制带来一定难度，雪茄烟烟叶的产量与品质降低。按以往烟叶生产实践证明，在计算移栽面积和种植密度所需的烟苗数量时，尚需增加3%~5%的备用苗，供烟田移栽后查苗补缺之用。

（三）苗齐

生产上不仅要求烟苗素质健壮，而且还要大小整齐一致，可采用漂浮育苗，以保证移栽后大田烟株生长整齐、成熟一致，为雪茄烟采收晾制的顺利打下良好的基础（图3-2）。如果烟苗大小、强弱不一致，大田期烟株吸收水肥能力和所占空间会有很大差距，即使采取栽培农艺措施，也难以形成整齐、健壮的烟株群体结构。

图3-2 雪茄烟漂浮育苗

（四）苗壮

苗壮是指烟苗生长发育良好，新陈代谢正常，抗逆性较强，移栽成活率较高的烟苗。弱苗营养不良，移栽后易失水萎蔫，移栽成活率较低。而苗龄过长的烟苗，茎秆组织木质化，移栽后发根迟缓、成活率也不高，难以开秸开片，易发生早花现象。雪茄烟的壮苗特征如下。

1. 根系发达

根系发达是雪茄烟苗健壮的重要标志之一，也是移栽后迅速还苗的先决条件。壮苗侧根数量多，根系分布幅度大，吸收水肥能力强，根系活力旺盛。壮苗要求烟苗根系发达，单株根平均干重在0.05 g以上。一般壮苗根与茎叶比1∶4较为适宜。

2. 茎粗壮而柔韧

节间的长短、幼茎的粗细程度亦是衡量雪茄烟苗壮弱的重要标志之一。节间较长，叶片在茎上分布均匀，幼茎粗，根、茎、叶之间发育平衡，是健壮雪茄烟苗的表现，如图3-3所示。茎秆纤细是发育不良的高脚弱苗的长相。

图3-3　雪茄烟漂浮育苗第一次剪叶后烟苗状态

3. 叶片数适宜且叶色正常

若采用井窖移栽，烟苗5~6片真叶即可。若叶数过多，移栽后蒸发量大，失水严重。叶片过少，则光合作用受限，移栽成活率较低。壮苗叶片绿色正常、浓淡适中，组织致密、厚实，清秀挺拔，移栽后还苗快，如图3-4所示。

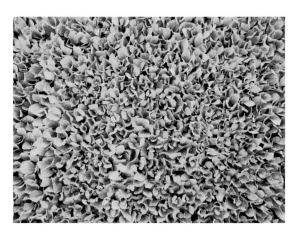

图3-4　雪茄烟漂浮育苗第一次剪叶后苗盘特征

4. 抗逆性强

壮苗具有较强的抗旱、耐寒性能及抗病虫害能力，叶色清秀无虫孔、病斑，未感染根茎类病害和病毒病。

总之，各烟区对雪茄烟苗素质的基本要求是一致的，可概括为：适、足、齐、壮。这四者密切相关，同等重要。即指成苗期烟苗的素质与数量，既要适用于不同生态条件的适宜移栽期，又要适应不同栽植方式对烟苗大小的需求。

第二节　雪茄烟叶苗床生育期划分

一、出苗期

雪茄烟包衣种子，从播种到第一片真叶生出需要15～20 d。雪茄烟出苗以后，要有适宜的温度、湿度、通气状况、光照、空气条件。苗床温度以保持25～28 ℃较好，过高则幼苗嫩弱，积累营养物质少，过低则延长出苗期。出苗以后呼吸作用逐渐增强，因此也要有良好的通气条件。

二、十字期

十字期又称小十字期，从第一片真叶生出到第三片真叶生出，这时2片真叶与2片子叶交叉成十字期，所以称为十字期。该期叶片的扩展速度很小，主要功能叶是子叶，侧根开始发生，尚没有须根，主要靠胚根吸收水分、养料和子叶合成有机物供幼苗生长的需要。这一阶段由于幼苗生长比较弱，因而对环境条件的反应比较敏感，所需温度与出苗期相差不大。

三、生根期

从第三片真叶出现到第六片真叶生出为生根期。当第三片真叶出现以后，侧根陆续发生，到第六片真叶出现时，第三、第四、第五片真叶生理功能最大。子叶的生理功能依真叶的不断出现而逐渐减小。生根期幼苗生长的突出特点是，根系发展十分活跃，一级侧根大量发生，二级、三级侧根也陆续出现，主根明显加粗，根的生长与地上部分同步，根系的生长量约为十字期的9倍，所以称为生根期。

四、成苗期

从第七片真叶出现到雪茄烟苗移栽适期，称为成苗期。可达8～9片叶，雪茄烟苗合成能力也相当强大，因而雪茄烟苗很快地生长。叶面积扩大极为迅速，茎的生长也较为显著。此期雪茄烟苗已形成完整的根系，吸收和合成能力明显增强，茎叶生长明显加快。若水肥过多，容易造成猛长，使雪茄烟苗茎叶组织疏松，细胞含水量增高，抗逆性弱，栽后还苗慢。因此，在成苗期应减少水肥供应，以控制地上部分生长为主。尤其是要控制苗床水分，以降低幼苗的含水量，使茎叶组织致密，增加雪茄烟苗内有机物的含量，增加光照时间，使其逐渐锻炼而适应大田的环境条件。所以，成苗期管理的各种措施应以"炼苗"为主，以促进雪茄烟苗敦实健壮。

雪茄烟烟苗各生育期虽有不同的特点，但各个生育时期又是互相联系的。从全面情况来看，雪茄烟烟苗数量的多少关键在于前期，雪茄烟幼苗的壮弱关键在后期，成苗迟早关键在于出苗期。因此，管理的原则，前期以促为主，后期以控为主。从环境条件来看，苗多苗少主要取决于水，苗迟苗早主要取决于温度，雪茄烟苗壮弱主要取决于光。

第三节　苗床管理技术

一、温度与湿度管理

在育苗前期注重保温的同时，密切关注大棚湿度情况，当大棚内出现水雾时，于上午适时进行通风排湿。烟草漂浮烟苗是把漂浮盘放在水里，基质吸水能力强，及时通风换气使叶片和盘面干燥是非常重要的。漂浮育苗小拱棚的通风，主要是从苗床两边把塑料薄膜拉起，促进盘面的通风和干燥。中型棚和大型棚两边50～60 cm高处，预设有较宽的通风道，可用手摇装置随时把薄膜拉起或覆盖。整个苗床期控制如下。

1. 从播种到出苗期

以增温保湿为主，可采取在育苗棚内搭建小拱棚、内遮阴、控制水位等措施提高育苗棚内温度与湿度，棚内温度控制在20～28 ℃，以获得最大的出苗率，保证整齐一致地出苗。

2. 从出苗到十字期

出苗后至大十字期以前，以保温为主，棚内温度控制在30 ℃以内，但在晴天中午气温高时，要通风降温，并防止下降过度（低于20 ℃）。若低于15 ℃，及时采取保温措施。

3. 从十字期到成苗

在烟苗大十字以后，以控温降湿为主，棚内温度控制在35 ℃以内，若高于此，及时采用通风、换气、遮阴等方法降温，防止烧苗。

4. 成苗期

可将四周的棚膜卷起，加大通风量，使烟苗适应外界环境条件。

二、水肥管理

1. 水分管理

育苗池用水必须清洁、无污染，禁止用池塘或污染的河水。在使用非自来水的情况下，可用10～15 mg/kg漂白粉粉剂直接撒于育苗池中消毒。封盘前，苗池水深度应保持在8～10 cm，采用注水漂盘炼苗方法的，烟苗封盘后，将育苗池内水位调高，调至育苗盘与过道水平，调高水位具有通风透光，便于剪叶机械操作，避免烟苗郁闭快速生长的作用。采用控水炼苗方法的，成苗后育苗池水位保持在5 cm，移栽前7～10 d炼苗。

2. 营养管理

营养液pH值在5.5～7.5烟苗均能正常生长，pH值在5.5～6.5时更有利于矿质元素的吸收。当营养液pH值不符合要求需进行校正时，应及时调节。如果pH值偏高，可用适量0.1 mol/L的H_2SO_4溶液校正。每添加一次营养液，校正一次pH值。如果pH值偏低，可用适量0.1 mol/L的NaOH溶液校正。用精密pH试纸测定即可。

随着烟苗生长，不同阶段对养分的吸收量也不相同。而营养液中的水分和养分，也随烟苗吸收而逐渐减少，因此要适时补充以保持适宜的浓度。根据苗床中水的容量决定施入肥料的量（图3-5）。肥料施入苗池前，需先将肥料完全溶解于一大桶水中，然后沿苗池走向，将溶液均匀倒入苗池水中，稍作搅动，使营养液混匀。严格禁止从苗盘上方加肥料溶液。第一次施肥时间为烟苗出齐后，施肥浓度为150 mg/kg，第二次施肥为烟苗封盘期，施肥浓度为100 mg/kg，第三次施肥根据生长势、苗情和移栽期决定是否进行，施肥浓度≤80 mg/kg。每次施肥时检查苗床水位，若水位下降要注入清水至起始水位，并添加育苗专用肥防止烟苗缺肥。

图3-5　苗床水肥管理

三、间苗、定苗、炼苗

1. 间苗和定苗

当烟苗长至小十字期至大十字期时开始间苗、定苗。拔去苗穴中多余的烟苗，同时在空穴上补栽烟苗，保证每穴一棵苗，烟苗大小均匀。间苗、定苗时注意保持苗床和操作卫生，并尽可能使烟苗大小一致。

2. 炼苗

漂浮育苗的炼苗，主要是通过烟苗修剪、控水、控肥和晒苗的方法。烟苗5片真叶后应逐步进行炼苗。揭开苗棚薄膜（保留防虫网），增加烟苗光照时间，逐步增大通风，使烟苗"风吹日晒"充分接触外界环境，若育苗后期气温较高，可考虑昼夜通风。水源便利的地区，移栽前7~10 d断水断肥。当烟苗萎蔫并且夜晚不能恢复"挺直"时，要喷水或苗池灌浅水，使叶片挺直。如此反复，干湿交替，使烟苗逐渐适应缺水环境，达到炼苗目的。炼苗时逐渐将四周薄膜揭开，最后2~3 d揭开最大限度；如遇雨应及时盖膜，炼苗要求烟苗满足不同移栽方式的成苗标准。

四、病虫害防治

漂浮育苗应采取严格的防病措施，只允许育苗操作人员入棚，禁止非工作人员入棚，操作人员不得在棚内吸烟，不允许在营养液中洗手、洗物，污染营养液；剪下的叶片必须带出大棚处理（图3-6），及时拔掉病株，并远离大棚处理，同时应对症施药，揭膜通风，防止蔓延；工具应用福尔马林消毒，操作人员应用肥皂洗手。

图3-6　苗床剪叶

避蚜防病，全程覆盖40目以上防虫网；剪叶操作时叶面喷施菌毒清500倍液；移栽前15 d可将根茎类病害药物施入苗池防病；移栽前2 d喷施防蚜虫、防根茎病害药物。

推荐使用阿泰灵、绿地康等植物诱导抗剂，在烟苗封盘后喷施第一次，隔7 d后再喷施第二次，提高烟株抗性；喷施5%吡虫啉1 500倍液防治蚜虫，出棚前使用病毒检测试纸检测烟苗是否带毒，严禁带毒烟苗出棚（图3-7）。

图3-7　苗床病害防控

第四节　漂浮育苗

一、基本含义

以成型的聚苯乙烯漂盘作为育苗漂盘，育苗盘中装满专用基质，然后将烟草种子直接播种在基质中，将漂盘漂浮于营养成分和水混合均匀的育苗池，完成种子的萌发及成苗过程的烟草育苗方式。

二、主要优势

漂浮育苗能够高效利用育苗场地，通过人为控制光温水肥供应和烟株发育进程，易于实现育苗的集约化、规模化、标准化，是目前我国烟草生产中推广应用最广的育苗方式。漂浮育苗过程可控，成苗整齐一致，根系发达，烟苗健壮，移栽成活率高。

三、育苗技术

（一）育苗棚

育苗棚由棚架、棚膜、防虫网等组成，规模化育苗工场的育苗棚宽10～

12 m，高2.5～3 m，长度根据育苗数量和地形决定，育苗棚多呈南北走向。

（二）育苗盘规格

育苗盘材质为聚苯乙烯，可采用136孔、160孔、170孔等不同孔数的育苗盘，规格为（600±60）mm×（340±10）mm×（55±5）mm。

（三）基质装盘

装盘前将基质喷水搅拌，让基质稍湿润，达到手握成团、触之即散的效果（含水量约40%）。然后把基质放在盘面上，用木板将基质均匀推入苗穴，如此反复2～3次，使每个苗穴的基质装填量均匀一致。装满后轻墩苗盘，使基质松紧程度适中，一般离地20 cm高度，自由落体2～3次即可；墩盘后用木板将盘面多余基质刮去，防止污染水池。

（四）播种

采用机械播种，播种深度为3～5 mm，使包衣种子播在穴内正中，每穴1粒。用基质覆盖，烟种似露非露。

（五）水肥管理

出苗保持育苗池水深8～10 cm，以利于基质充分吸收水分，加快包衣种子吸水、裂解和出苗。出苗后至成苗前，育苗池水深保持在6 cm左右，每次施肥前加水至10 cm深。成苗后可保持在5 cm，移栽前7 d断水炼苗。

一般在烟苗大十字期进行第一次追肥，第一次剪叶后视烟苗长势进行第二次追肥，每次追肥时的纯氮浓度为100 mg/kg水（100 g/m³水）。施入育苗池中的肥料须首先溶解于干净水中，充分搅匀后均匀撒施在育苗池中。

施肥量计算如下：施肥量（g）=需氮肥量（g）/肥料中氮含量（%）。其中，需氮肥量（g）=所需氮肥浓度（g/m³）×育苗池中水的体积（m³），水的体积（m³）=育苗池长（m）×育苗池宽（m）×水深（m）。

（六）温度与湿度管理

从播种到出苗，棚内温度控制在20～28 ℃。在烟苗大十字以前，以保温为主，棚内温度控制在30 ℃以内，若低于15 ℃，及时采取保温措施。在烟苗大十字以后，棚内温度控制在35 ℃以内，若高于此，及时采用通风、换气、遮阴等方法降温，后期可以将育苗棚两侧的薄膜升起，只保留防虫网。

在育苗前期注重保温的同时，密切关注大棚湿度情况，当大棚内出现水雾时，于上午适时进行通风排湿。

（七）剪叶

剪叶是控制烟茎徒长，促进生成发达根系的重要措施。一般在烟苗封盘后开始剪叶，在距生长点3 cm以上位置，剪去叶片1/3；以后每5～7 d修剪一次，每次剪去大苗大叶的1/3～1/2。视烟苗的大小和长势修剪3～4次。剪叶应在雪茄叶片无明水时进行，剪叶前首先要进行操作人员和剪叶设备的消毒，剪叶后及时清理留在育苗盘上的叶片残屑。对于发病或有疑似病症的育苗盘不剪叶，及时拔除发病烟苗，同时对有疑似病症的育苗盘加强药剂防治。

（八）炼苗

移栽前7～10 d，排掉育苗池中含有肥料的水，控水断肥。然后加入适量的无肥清水，水深为1～2 cm，随水分蒸发，烟苗处于水分胁迫状态，当烟苗萎蔫且清晨不能恢复时补充水分，如此反复，干湿交替使烟苗逐渐适应缺水环境，促进漂浮苗移栽后迅速适应土壤环境，提高移栽成活率。

（九）壮苗标准

雪茄烟烟苗苗龄50～55 d，真叶7～8片，茎高10～12 cm，茎围1.6～2.0 cm。烟苗清秀无病，叶色绿，叶片稍厚，根系发达，无螺旋根，茎秆柔韧性好，烟苗群体均匀整齐。

第五节　托盘育苗

一、基本含义

托盘育苗是指在育苗棚内，先采用母床播种，然后将生长至大十字期的烟苗假植于塑料托盘内，以完成成苗过程的烟草育苗方式。

二、主要优势

托盘育苗的烟苗根系发达，能较好地适应干旱胁迫，耗水量较少，育苗成本较低。但托盘育苗存在育苗用工较多，特别是在烟苗假植环节的劳动力投入大、烟苗浪费大、假植后的烟苗缓苗时间较长等问题。

三、育苗技术

（一）育苗棚

托盘育苗可以在育苗大棚、育苗中棚及育苗小棚中进行。固定育苗大棚每年做好维修工作即可。每年临时搭建的育苗中棚可采用圆拱形塑钢结构。育苗小棚一般搭建在烟田附近，可就地取材，如使用竹子等材料。单个育苗中棚、小棚的大小可根据育苗场地情况及种植面积综合确定，一般一个育苗中棚能够保证30～50亩的雪茄用苗需要，一个育苗小棚能满足5亩左右的雪茄用苗需要。育苗中棚、育苗小棚一般为南北走向。育苗中棚四周用60目防虫网维护，有条件的育苗小棚也要用防虫网维护。育苗棚架安装时要尽量考虑减少棚内滴水。育苗棚四周需开好围沟，以利于排水。

（二）基质装盘

托盘育苗的营养土一般由腐熟的秸秆、厩肥、食用菌废料等与消毒过的地表土混合配制，如70%腐熟秸秆+30%地表土、50%腐熟食用菌废料+20%腐熟牛粪+30%地表土等。营养土的制作过程比较烦琐，又容易因消毒不彻底而携带病毒、病菌、虫卵和杂草等，故近些年在烟草生产上常以烟草育苗专用基质和生土或消毒过的土壤等按照一定比例混合配制简易营养土，这样既操作简单又经济安全。

采用100钵联体聚苯乙烯塑料育苗盘作为子床，规格为（50～60）cm×（28～35）cm。单钵呈倒锥形，上口直径3.8～4.3 cm，底部直径1.5 cm，底部小孔直径0.4～0.6 cm，钵高5～6 cm。单钵容积20 cm³左右。

（三）播种

采用人工撒播，包衣种子播种量约20 g/m²，为2 700～3 000粒/m²。种子撒播完毕后，在母盘上覆盖一层1～2 mm厚的基质。覆盖种子的基质不宜太厚，以免影响种子发芽。用喷雾器向播完种子的母盘来回喷洒清水，使水分慢慢渗入基质中，确保母盘中的全部基质都达到湿润状态。

（四）间苗与假植

待烟苗生长至出现2片真叶时（即小十字期时）进行间苗。将播种密集的烟苗、长势较弱的烟苗及病苗拔除掉，使母盘中的烟苗均匀生长，防止育苗盘内烟苗过密引起地上部分特别是茎的迅速生长。在间苗过程中要随时进行器具消毒。间出烟苗要集中放置，带出棚外并妥善处理。

生长至大十字期时，挑选大小均匀一致、无病的烟苗进行假植，烟苗由母盘移栽到子盘。用镊子、竹签等在母盘孔穴中扎一个1 cm深的小穴，然后将烟苗的根部放入子盘小穴并轻轻地将根土压实。育苗盘假植完毕后，要整齐摆放到育苗棚中，并及时向育苗盘喷水，确保水分渗透出育苗盘盘底，然后以小拱棚的形式加盖一层遮阳网，避免烟苗直接接受强光照射。假植时要求假植时间尽量集中，一般一个育苗中棚应在2 d内假植完毕，假植后剩余或淘汰的烟苗集中处理。

（五）水肥管理

播种后至出苗前一般不再灌水。出苗至5片真叶期，营养土含水量保持在80%为宜。5片真叶至炼苗前营养土含水量保持在60%～70%。炼苗时营养土含水量保持在50%～60%；晴天中午时烟苗发生轻度萎蔫，下午要及时补水。在大十字后期（假植后）开始追施烟草育苗专用肥，共施3～4次。也可将硝铵或三元复合肥充分溶于水后喷施。烟苗5片真叶期前施肥浓度（氮浓度）为0.1%～0.5%，以后施肥浓度为0.5%～1.0%，浓度不可过高。每次追肥后要喷洒一次清水。

（六）剪叶

一般在烟苗封盘后进行第一次剪叶，剪叶程度不超过最大叶面积的50%，以后根据烟苗长势，一般每隔5～7 d剪叶一次，共剪叶2～3次。可使用剪叶机剪叶或人工剪叶。剪叶过程要严格无毒操作，及时清理剪下来的烟叶碎片，放入固定的收集池或集中掩埋。每次剪叶前后，要及时喷施8%宁南霉素等防治病毒病的药剂，以防剪叶时的接触引起烟叶病毒病的发生。第二次剪叶时，应尽量掐去烟苗下部的黄叶，取出盘面的碎叶，促进茎秆接受光照充分，增强韧性。第三次剪叶应视烟苗长势进行，移栽前3 d不再剪叶。

（七）炼苗

托盘育苗主要采取控温控水并结合剪叶的方式进行炼苗。一般在移栽前10 d开始逐步控温控水，适当减少喷水量，移栽前2～3 d尽量不要喷水，但应以烟苗不发生永久性萎蔫为度。在控水的同时，要逐步加大育苗棚的通风，确保烟苗尽快适应棚外环境，增强烟苗移栽后的抗性。

（八）壮苗标准

苗龄55～60 d，单株叶片数8～9片，茎高10～15 cm，茎围1.6～2.2 cm，叶色绿至浅绿，根系发达，烟苗健壮，茎秆柔韧性好，烟苗群体均匀、整齐。

第六节 悬空水培育苗

一、基本含义

悬空水培育苗即将播种后的苗盘摆置于悬空苗床之上，利用自动喷淋系统完成烟种裂解、水分管理和营养供给等水肥精准管理，使用水帘风机、燃气保温等措施进行温度与湿度精准控制。悬空水培育苗全过程水分、养分精准管理，成苗大小、成苗时间可精准控制；烟苗茎秆更加粗壮，根系更加发达；烟苗成苗率高；烟苗之间独立生长，根系在盘穴内不相互接触，病害传播概率低。

二、主要优势

培育健壮根系：育苗盘钵体摆置于悬空苗床之上，烟苗根系从底部透气孔长出时，遇到干燥空气就会暂停生长，没有伸出面盘的无效根系、不定根不断增加，充满整个钵体，培育发达烟苗根系。

养分精准供应高效利用：由自动喷淋系统和多功能配比泵配合，完成水分和养分供给，根据不同阶段烟苗对水分和养分的需求，实现精准供给，采取叶面喷淋方式，养分吸收更好，肥料利用率更高。

环境条件精准调控：利用风机水帘降温系统和燃气供暖保温系统，实现苗棚温度精准管理，确保烟苗始终处在最适宜的温度范围内生长，炼苗期断肥控水，控制烟苗大小，防止过苗。

三、技术要点

（一）育苗设施

1. 悬空苗床

使用手轮式悬空移动育苗床，由边框、支架和床网三部分构成，材质为铝合金或镀锌钢，规格参数为长、宽分别为1 100 cm、168 cm，苗床距离地面高度50 cm，通过旋转手轮可使苗床左右移动30 cm，棚内利用面积80%左右。

2. 自动喷淋系统

由运行轨道和调速性喷灌机组成，主要参数为：运行速度为4～16.5 m/min，喷杆长度12 m，工作行程100 m，喷嘴高度500～600 mm，输入电源220 V，进水压力29.42～49.03 Pa。

3. 风机水帘降温系统

由风机、水帘、进水管、回水管、水泵等组成。风机尺寸1 100 mm×1 100 mm，功率为750 W，按照150 m²/台配置；水帘纸厚度为15 cm，进水口直径20 mm，出水口直径50 mm。

4. 多功能配比泵

使用水驱动配比稀释泵（加药器、配肥器），与自动喷淋系统共同完成追肥和药剂防治。配比范围比例（1∶4 000）～（1∶5）（0.025%～20%）。

（二）摆盘裂解

播种后将烟盘逐盘摆放在悬空苗床上，做到"一水平，两对齐"。"一水平"即所有苗盘必须在悬空苗床上水平摆放，"两对齐"即苗盘之间的边缘对齐，边缘苗盘与苗床周边对齐摆放。摆盘结束后，当天使用自动喷淋系统喷水，确保烟种充分裂解，裂解时喷淋装置慢速往返运行一次性连续给水，确保盘内基质达到最大持水量。摆盘时注意轻拿轻放，防止盘内基质和烟种移位或洒落。

（三）水分管理

播种至出苗期前，使用自动喷淋系统每天喷水两次，每次喷淋要求盘内基质全部湿透，基质水分保持在最大持水量的80%～90%。出苗后至炼苗前，基质水分控制在最大持水量的60%～70%范围内。炼苗至成苗，以控水为主，基质水分控制在最大持水量的30%以内，通过控水断肥控制烟苗纵向生长，防过苗。

（四）养分管理

使用水溶性育苗专用肥（氮磷钾比例为20∶10∶20），采用自动喷淋装置进行叶面喷施。第一次施肥在出齐苗时使用，使用浓度为稀释1 200倍液；第二次施肥在烟苗达到小十字期时，使用浓度为稀释1 000倍液；第三次施肥在烟苗达到大十字期时，使用浓度为稀释800倍液。

使用自动喷淋系统进行水分、养分管理时，应确保所有喷头喷洒均匀一致。要视天气、温度及生长阶段确定喷水次数和水量，防止湿度过大或过小影响烟苗正常生长。

（五）温度与湿度管理

烟苗生长最适宜的温度为25～28 ℃。在炼苗之前，每天于17：00左右及时关闭通风棚膜，并覆盖保温被保温，保证夜间棚内温度不低于20 ℃；当温度低于10 ℃时，可使用燃气保温供暖系统进行温度补偿；每天8：00左右掀起棚顶保温被；当棚内温度高于30 ℃时，及时采取加大通风、开启风机水帘系统等降温措施，确保烟苗始终处于最适宜的生长温度。

（六）定苗

在70%左右烟苗进入大十字期时，进行匀苗操作，将烟苗按照大、中、小分成三类分别植于各苗盘中，其中大、中、小苗分别占70%、20%、10%，避免大苗遮盖小苗，提高苗盘内烟苗生长均匀度和成苗率，操作前对烟苗喷施一遍病毒抑制剂，过程中每操作10株烟苗对移苗工具喷洒菌毒清溶液进行消毒处理。

第四章 烟田管理技术

第一节 整 地

一、土壤选择

茄衣适宜种植于轻质的沙壤土或壤土，要求土质疏松、透气，自然排水性能好。茄芯以土壤肥力较高的壤土种植较为适宜。两种烟叶种植都要求土壤肥沃，矿物质含量丰富，以棕壤、淋溶褐土、火山灰土壤或以火山岩为母质的土壤最佳。种植雪茄烟叶适宜的土壤pH值在5.5～6.5，氯离子含量应低于20 mg/kg。偏酸性土壤（pH<5）在种植雪茄烟叶时要注意补充钙、镁等元素肥料，使用硅钙钾镁肥1 500 kg/hm²，也可以根据实际情况适当施入生石灰或者生物炭等提高土壤pH值。

二、整地

（一）整地的作用

1. 改善土壤物理性状

耕地可以改善土壤物理性质和土壤结构，增加土壤的透气性，提高其保水、蓄水能力，改变土壤对烟草生长发育需求物质的限制性，为烟草生长发育创造良好条件。由于疏松的表层削弱了毛细管水的上升，减少水分蒸发，有助于抗旱保墒。

2. 熟化土壤提高肥力

耕地结合施肥，能够有效地提高土壤肥力。耕地改善了土壤通气性能，土温增高，蓄水性能增强，好气性微生物活动加强，加速了有机物质的矿化过程，增加了土壤速效成分，促使烟株良好生长。

3. 防治病虫害和减少杂草

耕翻并加深耕层后，既能将地面上大部分病菌孢子、害虫及虫卵、杂草种子翻埋到较深土层，使之丧失发芽力或窒息而死，同时也能将土壤深处的虫卵、蛹及部分杂草的根翻到地表，使之冻死或晒死，因而减轻烟田病虫和杂草的危害。

（二）整地的时间

一般要求在秋季作物收获后，进行冬耕、冻垡，冬耕深度一般为25～30 cm，利于蓄积雨雪，增加土壤水分；翻上来的生土经日晒、雪冻，加速风化，易于粉碎；而且可以利用冬季的低温杀灭致病菌。黏性土要根据其宜耕性随耕随耙。沙性土当年不耙，春天刚解冻时及时细耙和镇压，以便防旱保墒。

三、起垄施肥

（一）起垄

雪茄烟种植与烤烟相同，采用垄作方式。一方面，垄作增加地表受光面积，提高地温，比平作可提高地温0.5～1.0 ℃；另一方面，垄作增加根系所处活土层厚度，促进烟株根系发育，而且垄作有利于保墒抗旱和便于排水。起垄宜在栽烟前半月进行，以便沉实，保墒和提墒，促进还苗。一般要求起垄高度为25～30 cm，垄底宽70～80 cm，垄顶宽30～40 cm。垄面一般为平垄，为提高集雨效果，起垄时可以设置成槽形垄或碟形垄。

（二）施肥

施肥按照"控制总氮、增施有机肥、提高有机氮占比"的原则，施氮量75～112.5 kg/hm²，有机氮占比30%～35%，氮磷钾比例1：1：3。采用水肥一体化，基追肥比例为5：5，基肥包括全部的有机肥、磷肥、微量元素肥料和部分的氮钾肥，追肥为氮肥和钾肥，可追肥2次，第一次为移栽后10～15 d，第二次为移栽后35 d左右。有机肥、豆饼、复合肥、硫酸钾、硝酸钙、氢氧化镁、硫酸锌、硼砂作基肥，磷酸二铵作提苗肥，硝酸钾作追肥。

第二节 移栽密度

一、适宜密度的确定原则

合理的群体结构是优质适产的重要保障。雪茄群体结构是否合理，直接或间接地影响着光合面积、光合强度、光合时间及呼吸消耗，即影响光合性能的好坏，决定着组成烟草干物质的多少，以及影响与品质相关的化学成分的合成与含量。

群体结构是由群体内的个体数目、个体排列方式和各个体的生育性状所决定的，是栽培管理措施、品种生长发育特性和自然条件的变化等共同作用的结果。适宜的密度是获得合理群体结构的基础，在合理密度与留叶数及行式的情况下，通过适当的田间管理措施加以促进与控制，就能够在各个生育时期保持合理的群体结构，达到优质适产的目的。

合理的群体结构，要妥善协调好群体与个体之间的矛盾，既要有适产的较大群体，又要有保证优质的良好个体，这是雪茄能否达到优质适产的关键，也是安排合理密度和栽植方式的基本依据。在不同的密度下，群体和个体会发展得不同，对田间小气候、光照条件等的影响也不同，最后必然影响雪茄的产量和品质。

合理密度以形成合理的群体结构为目标，因此必须根据烟草类型和生长发育特性，并结合栽培技术措施来确定，使群体和个体都能比较健全地得到适当发展，以便经济有效地利用生产条件，特别是光能、地力，从而达到优质适产的目的。生产中确定密度，必须从品种特性、自然条件、栽培技术等全面考虑。

1. 密度与品种特性

烟草品种特性不同，对密度的要求也不相同。品种的株高、叶数、叶片大小、茎叶着生角度都直接影响田间通风透光条件，对田间小气候产生不同的影响，而且由于不同品种的需光量和对光照的要求都不相同，所以在确定密度时，必须考虑品种特性。一般植株高、叶数多、叶片大、茎叶着生角度大的品种，需要较大的营养面积和空间，栽植密度应较小，行距要稍大；反之，则密度应稍大，行株距要较小。光照条件对烟叶的产量和品质关系极大，所以考虑品种与密度的关系时，还应当注意不同品种对光照条件的要求。如品种需光量少，密度可较大；反之，则密度宜较小。

2. 密度与自然条件

不同的自然条件如日照、温度、雨量、湿度、地势、土壤肥力等，都直接或间接影响光能和地力，因而对密度的确定也有较大的关系。一般地势高、气候凉爽、植株生长较小，密度可稍大，以充分利用光能和地力；山间平地、气候温和、植株生长旺盛，密度宜较小；湿润地区、植株生长过快、片大而薄、单位叶面积重量轻，密度宜稀些，以利增加单叶重，提高品质。为了充分利用地力，土层深厚和较肥沃的烟地烟株较大，密度宜稀；土层薄、不易培土的瘦地烟株较小，宜稍密。

3. 密度与烟草的类型

因烟叶在卷烟配方中起的作用不同，对其品质的要求也有差异。例如填充料烟叶的主要指标之一就是具有较高的填充值。要获得高的填充值，烟叶必须薄，因而在栽培技术上要适当加大密度和多留采收叶数。晒烟因为叶少，栽植密度一般应比烤烟大。

二、种植密度

种植密度直接影响烟株的个体和群体的发育，并最终对烟叶产量和可用性产生影响。因此，合理种植，把握好种植密度是保证烟叶质量的重要条件。种植密度会对烟株植物学形状产生影响，随着栽培密度的逐渐下降，烟株个体发育得到相应的改善，长势会逐渐旺盛，在株高、茎围、叶长、叶宽和产量都呈现出增加的趋势。与烤烟相比，雪茄烟种植密度略大。苏门答腊茄衣烟叶种植密度约为30 000株/hm²，美国康涅狄格州遮阴栽培的茄衣烟叶种植密度为30 000～32 000株/hm²，古巴茄衣烟叶种植密度为33 000株/hm²。我国四川什邡茄衣烟叶种植密度为30 000～33 000株/hm²，浙江桐乡茄衣烟叶种植密度为20 000～24 000株/hm²。海南儋州茄衣烟叶种植密度约为22 000株/hm²，福建龙岩茄衣烟叶种植密度为24 000株/hm²。与茄衣烟叶相比，茄芯烟叶种植密度可降低10%～15%。

第三节　移栽技术

一、移栽的适宜时期

与其他烟草类型一样，雪茄生长的最低温度10～13 ℃，温度过低，容易发生早花。烟草在大田生长期最适温度为22～28 ℃，最低10～13 ℃，最高温度35 ℃，高于35 ℃时，生长虽不会完全停止，但生长受到抑制。在日平均温度低于17 ℃时，植株的生长也显著受阻，降低对病害的抵抗能力。因此在雪茄移栽时，10 cm地温必须达到10 ℃以上，并稳步上升。烟草为了完成自己的生命周期，需要一定的积温。积温有物理积温（生育期间昼夜平均温度的总和）、活动积温（烟草生育期间高于生物学下限温度的总和）和有效积温（活动积温和生物学下限温差即有效温度的总和）。

根据当地的气候条件，综合考虑田间生产、采后晾制发酵所需的温度与湿度条件，海南儋州产区以1月上中旬移栽最为适宜，山东雪茄产区适宜移栽期为5月中下旬。

二、移栽方法

5月中下旬山东烟区气温普遍较高，因此移栽宜采用膜上移栽方式，可采用改进的水造法膜上井窖移栽。膜上井窖移栽要先盖膜后栽烟，趁土壤墒情较好时覆膜，选择厚度0.01 mm、宽1.2 m的白色地膜和银白配色地膜。覆盖地膜时要求地膜拉紧、不能划破，垄体两侧膜边压实，多风区域要每隔一段距离用土压膜。为防止损伤滴灌带，滴灌毛管铺设应偏离烟垄中线5～10 cm，浅沟内铺设，防止紧贴地膜损毁地膜。

利用专用的水造井窖移栽器进行造窖、灌水。膜上移栽井窖直径约8 cm，井窖深度10 cm左右（即水渗下后井窖底部到垄顶的距离），每个井窖浇水2.0 kg以上。在水未完全渗下、水深1/3～1/2时将烟苗栽入窖内中心，以保持烟苗根系与土壤的严密结合。栽后烟苗生长点超过垄顶2～3 cm。栽后3～5 d内，喷施防治地下害虫药剂并查苗补苗，查苗补苗一般在16：00以后进行，烟苗成活率不低于95%。使用仿生浇水封埯器封埯，与烟垄垂直，以烟株为中心插入烟垄，根据烟垄墒情适当停顿，边提边收拢封垵器操作杆，整个过程5 s以上，每窖浇水可浇封垵水2.0 kg以上，且烟株两侧土壤与烟株结合紧密，切忌覆盖烟苗生长点。

第四节 雪茄烟施肥技术

一、肥料介绍

目前种植雪茄烟常用的肥料主要分为化学肥料、有机肥料、有机无机复混肥和微生物肥料。其中，化学肥料主要有烟草专用三元复合（混）肥、硫酸钾、硝酸钾、钙镁磷肥、过磷酸钙、磷酸二铵、磷酸二氢钾等、微肥等。有机肥料主要有商品有机肥、饼肥、腐殖酸类肥料。

（一）烟草专用复合（混）肥

目前常用的烟草专用复合（混）肥料类型为中氮、中磷、高钾，氮磷钾配比 $N：P_2O_5：K_2O=10：10：20$。生产中主要用作基肥。

（二）硝酸钾

俗称火硝，分子式为KNO_3，K_2O含量46.58%，含氮13.68%，是氮、钾二元复合肥料。易吸湿，纯净的硝酸钾为白色结晶，吸湿性较小，不易结块，副成分少，极易溶于水，呈中性，燃点低，易爆炸，储存和运输应远离易燃易爆物，注意安全。硝酸钾是化学中性、生理碱性肥料。氮是以硝态氮存在的，不易被土壤胶体固定而易流失。硝酸钾施入土壤后，较易移动。生产上主要用作追肥。

（三）硫酸钾

分子式为K_2SO_4，含氧化钾48%~52%，含硫18.4%，是我国应用最多的烟用钾肥。纯净的硫酸钾为白色或浅灰色结晶，易溶于水，吸湿性弱，不易结块，易于贮存、运输。它是化学中性、生理酸性肥料。硫酸钾适用于各种土壤，施入酸性土壤后，会使土壤进一步酸化，对北方的石灰性土壤会有局部的好处，在酸性土壤上应与有机肥、磷矿粉、石灰配合施用，以免造成土壤酸化和板结。硫酸钾在土壤中的移动性较小，一般以基肥和早期追肥的效果较好，可采取条施、沟施或穴施的集中深层施肥法。世界上硫酸钾盐矿很少，硫酸钾多从氯化钾转化而来，一般含有2%～3%的氯，在土壤或灌溉水含氯量高的地区，必需施用含氯量低于1%甚至0.5%的硫酸钾。生产上主要用作基肥和追肥。

（四）钙镁磷肥

由磷矿石与含镁、硅的矿石，在高炉或电炉中经高温熔融、水淬、干燥和磨细所制得的钙镁磷肥；包括含有其他添加物钙镁磷肥产品，其用途为农业上作肥料和土壤调理剂。含P_2O_5 12%～18%，$CaO \geqslant 40\%$，$MgO \geqslant 12\%$，生产上主要用作基肥。

（五）过磷酸钙

过磷酸钙又称普钙，是用硫酸分解磷矿直接制得的磷肥。主要有用组分是磷酸二氢钙的水合物$Ca（H_2PO_4）_2·H_2O$和少量游离的磷酸，还含有无水硫酸钙组分。过磷酸钙含有效P_2O_5 14%～20%（其中80%～95%溶于水），属于水溶性速效磷肥。灰色或灰白色粉料（或颗粒），可直接作磷肥，也可作制复合肥料的配料。生产上主要用作基肥。

（六）磷酸二铵

磷酸二铵是含氮磷两种营养成分的复合肥，含P_2O_5 42%～46%、含N 13%～18%，呈灰白色或深灰色颗粒，易溶于水，不溶于乙醇。有一定吸湿性，在潮湿空气中易分解，挥发出氨变成磷酸二氢铵，水溶液呈弱碱性（pH＝8.0）。磷酸二铵是一种高浓度的速效肥料，生理中性肥料，适用于各种作物和土壤，特别适用于喜铵需磷的作物，作基肥或追肥均可，宜深施。当前生产上多用作提苗肥。

（七）磷酸二氢钾

K_2O含量27%，P_2O_5含量24%。为白色结晶，易溶于水，吸湿性小，不易结块。可在任何土壤上使用，尤其适用于磷、钾养分同时缺乏的地区，可作基肥、种肥和中晚期追肥。由于磷酸二氢钾是由磷酸和钾盐制成，价格昂贵，烟草生产上主要为根外追肥（叶面喷施），根外追肥最高浓度为0.5%。

（八）有机肥

有机肥包括厩肥、堆肥、饼肥等，主要用作基肥。肥效持续时间较长，含有丰富的有机质，能改良土壤。主要来源于动植物废弃物，养分较全面，可有效补充微肥。饼肥是优质有机肥，可显著提高烟叶品质。但是，有机肥成分复杂且难以控制，尤其是厩肥和堆肥等，可能会对烟叶品质造成不利影响。应彻底消毒，消除病毒、病菌和杂草、虫卵等。严格监控有机肥料的有害物（重金属、抗生素等污染）。

（九）有机无机复混肥

含有一定量有机质的复混肥料。就是在生产无机复混肥料过程中，加入一定量有机质而制成的肥料，其产品中既含有大量元素，也含有一定量的有机质。总养分（氮磷钾）≥15%，有机质≥20%。

（十）有些肥料对烟叶品质不利

禁止使用含氯量高的肥料，如氯化钾等。

二、施肥原理与技术

（一）测土配方施肥

测土配方施肥是以土壤测试和肥料田间试验为基础，根据作物的需肥规律、土壤供肥性能和肥料效应，在合理施用有机肥料的基础上，提出氮磷钾及中、微量元素的施用数量、施肥时期和施肥技术的一项综合性科学施肥技术。测土配方施肥技术的核心是调节和解决作物需肥与土壤供肥之间的矛盾，有针对性地补充作物所需的营养元素，作物缺什么元素补什么元素，需要多少补多少，实现各种养分的平衡供应满足作物的需要，达到提高肥料利用率和减少肥料用量、提高作物产量、改善作物品质、节支增收的目的。

（二）测土配方施肥依据

依据主要有养分归还（补偿）学说、最小养分定律、同等重要律、不可替代律、报酬递减律、因子综合作用律。

1. 养分归还（补偿）学说

农业化学的奠基人李比希认为，作物从土壤中吸收养分，收获后必然从土壤中带走某些养分，这就必然使地力逐渐下降，因此要想恢复地力，就必须把作物吸收的养分归还给土壤，确保土壤供应能力。

2. 最小养分定律

李比希在提出养分归还（补偿）学说后，又提出"最小养分定律"学说，即在各生长因子中，如果有一个生长因子含量最小，其他生长因子即使丰富，也难以提高产量。也就是说，作物产量受最小养分支配。

3. 同等重要律

对作物来讲，不论大量元素或微量元素，都是同样重要缺一不可的，即缺少某一种微量元素，尽管它的需要量很少，仍会影响某种生理功能而导致产量或品质降低。微量元素与大量元素同等重要，不能因为需要量少而忽略。

4. 不可替代律

对作物来讲，每一种营养元素都具有其特殊的生理功能，是其他元素所不能代替的。缺少什么营养元素，就必须施用含有该元素的肥料进行补充。

5. 报酬递减律

当土壤中缺乏某种养分时，随着施肥量的增加，作物产量增加。当施肥量超过适量时，单位肥料用量所获得的作物的增产量却反而下降，即报酬的增加逐步减少，作物产量与施肥量之间的关系就不再是曲线模式，而呈抛物线模式了。

6. 因子综合作用律

作物生长和产量高低是由影响作物生长发育诸因子综合作用的结果，但其中必有一个起主导作用的限制因子，产量在一定程度上受该限制因子的制约。为了充分发挥肥料的增产作用和提高肥料的经济效益，一方面，施肥措施必须与其他农业技术措施密切配合，发挥生产体系的综合功能；另一方面，各种养分之间的配合作用，也是提高肥效不可忽视的问题。

（三）施肥原则

1. 各种营养元素合理搭配原则

适量施氮，氮磷钾合理配比，镁、硼、锌、钼、铜等中微量元素合理搭配。

2. 有机肥与化肥配合施用原则

饼肥包括大豆饼、棉籽饼、菜籽饼、花生饼及芝麻饼等。饼肥含有机质高达75%~85%，含氮2%~7%，含磷1%~3%，含钾1%~2%，并有多种微量元素。合理施用饼肥，可以明显地提高烟叶质量，也是烟田土壤改良的有效措施。

（四）科学施肥目标

提高烟叶质量和产量、提高肥料利用率、培肥土壤，维持土壤养分平衡。

（五）确定施肥量

雪茄烟叶对氮素的吸收水平高于烤烟，而且氮素的供应要一直持续到采收阶段。氮肥不仅能够增加叶的宽度，还能使营养期延长，增加烟叶光泽。生产茄衣所施用的肥料是较多的有机肥和适量的无机肥料，有机肥如油菜饼肥、大豆饼肥等。研究表明，雪茄茄衣烟叶生产总体需肥量多，一般需N、P_2O_5、K_2O分别为$180 \sim 200$ kg/hm^2、$110 \sim 220$ kg/hm^2、$220 \sim 330$ kg/hm^2，茄衣烟叶烟株能吸收大量的氮、钾、镁，而对磷和钙的吸收相对少一些，并且硝态氮比铵态氮的生产效率高，氮的形式对于氮、磷、镁含量影响不大，但钾、钙都随着硝态氮含量的增加而增加。

美国康涅狄格州茄衣烟叶生产中氮肥施用量为225 kg/hm^2，钾肥施用量为225 kg/hm^2。四川、海南雪茄烟的氮肥用量为$255 \sim 300$ kg/hm^2，氮磷钾比例为1：0.85：1.5，有机氮与无机氮的比例为5：5。福建雪茄烟的氮肥用量为180 kg/hm^2，氮磷钾比例为1：1：2.5。山东雪茄烟生产中按照"控制总氮、增施有机肥、提高有机氮占比"的原则进行施肥，纯氮用量$75 \sim 112.5$ kg/hm^2，有机氮占比$30\% \sim 35\%$，氮磷钾比例1：1：3。

（六）施肥方法

1. 基肥

将氮肥量$60\% \sim 70\%$复混肥、有机肥、硫酸钾作基肥，烟田起垄时一次性双侧条施，施肥深度约为垄顶土表下20 cm为宜。在施肥过程中做到分次施肥，基肥纯氮占$50\% \sim 60\%$，追肥比例占$40\% \sim 50\%$。大三元一体肥按施用量一次性施入，如后期肥料不足时可用硝酸钾追肥方式。

2. 提苗肥

提苗肥统一施用磷酸二铵，每亩用量控制在5 kg以内，移栽时结合毒饵使用进行穴施，施用时应注意不能离烟株太近，以防烧苗。

3. 追肥

大田移栽后30 d以内根据烟株长势，使用剩余复合肥、硝酸钾穴施或者溶水后液体追施，追肥位置顺烟垄方向烟株两侧10~15 cm或烟株中间，深度15~20 cm，具体用量和时间依据烟株长势和天气情况灵活确定。特别是对保水保肥能力差的沙性土壤、烟株长势后劲不足的地块，更应加强追肥措施。

4. 叶面喷肥

叶面钾肥具有良好的提质、抗病和抗旱效果，以喷施磷酸二氢钾等叶面肥为主，一般进行3~4次，分别在团棵期、旺长期、成熟期各喷施一次，亩用量500 g左右，喷施浓度为0.3%。叶面喷肥要正反面同时喷施，喷施时间最好在晴天9：00左右或17：00左右进行，以免阳光灼伤叶片，阴雨天不要喷施。

5. 增施优质有机肥、农家肥

改善土壤理化性质，提高增温和保墒能力，为烟株根系发育创造良好环境。

6. 严格落实合作社专业队"统一拌肥、运肥、统一起垄和技术员现场监管"的组织管理模式

促进起高垄大垄、精准施肥技术的有效落实。同时，要加强施肥管理，严禁烟农额外加肥、自行盲目施肥或施用非正规渠道肥料，坚决杜绝施肥量、施肥种类、施肥方法不合理的现象。

7. 水肥耦合

高度重视移栽、封垄、小团棵、大团棵、旺长、成熟"六水"浇灌技术，实现烟株全生育期"按需供水"，以水调肥，实现烟株水肥一体，才能保证烟株正常生长发育，才能更好地提高烟叶品质。要大力推广节水灌溉技术，推行滴灌、水肥一体等新技术；实施水肥一体化烟田，基追肥比例以6：4或者5：5为宜，每亩减少0.5~1 kg纯氮，遵循少量多次的原则，前期以氮肥为主，中后期以钾肥为主。

第五节　水分管理

一、需水规律

烟草具有较强的抗旱能力，但对水分十分敏感。为使烟株生长良好，获得优质适产，必须按照烟草需水规律，合理灌溉，并达到节约用水，充分发挥灌溉效

益的目的。

（一）烟草生长期需水规律

烟田耗水量因地区、生长季节和栽培技术条件等不同而异，但就烟株整个生育过程来看，需水量都有随生育期不同而变化的规律。烟草大田生长中期（团棵至现蕾）植株生长旺盛，耗水量最多，需水量最大。此期水分供应充足与否，对烟草的产量和品质影响极大，因而，此期是烟草灌溉的关键时期，是烟草需水的临界期。在中期水分充足，前、后期水分适宜时，才能获得最好的经济效益。

（二）烟草不同生育期需水状况

1.移栽至成活的还苗期

烟苗幼小，叶面蒸腾较小，故以地面蒸发为主。同时，因还苗期短，阶段耗水量不大，仅占全生育期总耗水量的5%～10%。但由于移栽时根系受到损伤，其吸收能力大大减弱，而地上部的蒸腾作用仍不断进行，因而，水分的吸收和消耗失去平衡，致使烟株叶片萎蔫，生长暂时停滞。严重缺水时幼苗枯死，造成缺苗。为促使烟苗迅速生根，恢复吸收能力，早还苗，提高成活率，必须在移栽时充分供水，增加土壤水分，达到田间最大持水量的65%～70%。

2.成活至团棵的伸根期

在根系迅速生长的同时，茎叶也逐渐增长。在地上部和地下部兼顾的前提下，要着重促进根系发展。这个时期虽然需水较少，但也不能过于干旱。如土壤水分不足（田间最大持水量的40%以下），则地上部生长受阻，干物质积累少，进而影响根系不能充分发展。但水分过多（最大持水量的80%以上），土壤气体交换、氧化还原等条件变劣，使根系不能吸收更多的水分和养分，以致地上部不能充分发展，没有较多的干物质输向根部，致根系发展不良，对中、后期生育不利。此期以保持土壤最大持水量的50%～60%为好。

3.团棵至现蕾的旺长期

这是烟草生长最旺盛和干物质积累最多的时期。烟株茎秆迅速增高变粗，叶片迅速增厚和扩大，根系继续向纵深和横宽伸展。此期气温增高，蒸腾量激增。同时，光合呼吸增强，叶绿素含量增多，过氧化氢酶的活性加强，生理活动十分活跃，因此，烟田耗水量急剧增加，阶段耗水量达50%以上。此期如供水不足，即使前期根系生育良好，或后期土壤水分适宜，产、质仍会受到极大损失，此期应保持土壤田间最大持水量的80%。因此，必须加强灌溉，充分供水，以满足烟株对水分的需要，从而使各种生理活动正常而旺盛地进行，促进生长发育。

4.现蕾打顶后的成熟期

叶片自下而上陆续成熟。随着采收次数的增加，总叶面积逐渐减少，叶面积蒸腾相应下降，而烟株的生理活动主要是干物质的合成、转化和积累，需水较少，所以，应适当控制水分，以田间最大持水量的60%～65%为宜。此期天气晴朗而温度较高有利于提高烟质。反之，如水分过多或阴雨连绵，日照少，易使叶片贪青晚熟，晚熟叶由于细胞水分饱和度过高，不利于蛋白质的分解，品质降低。

二、烟田灌溉

（一）灌水方法

良好的灌溉方法，既能使灌溉水分布均匀，土壤水分和空气得到合理调节，不产生地表径流和深层渗漏，又能保持土壤结构良好，从而达到经济用水，提高品质和产量的目的。灌水的方法有地面灌水、地下灌水、喷灌和滴灌等。一般来说，地下灌水、喷灌和滴灌的效果优于地面灌水，地下灌水在我国烟草生产上尚未采用。喷灌在局部地区试用。目前应用最多的是地面灌水，这是我国烟草生产的传统灌水方法。

穴灌：在水源不足或运水不便的丘陵烟区移栽时采用，其优点是用水经济，地温稳定，有利于早发根，但在特别干旱年份，要满足移栽后烟苗对水分的要求，保证全苗，应尽量挖大穴，增加灌水量。

沟灌：灌溉水沿着水沟通过毛细管作用向沟的两侧渗透，仅沟底部分以重力作用浸润土壤。因此大部分土壤不板结，能保持良好的结构，使土壤中的水分、空气和养分协调，且用水较漫灌经济。

滴灌：滴灌是将具有一定压力的水，过滤后经管网和滴灌带，用滴孔以水滴的形式缓慢而均匀地滴入植物根部附近土壤的一种灌溉方法。滴灌系统中，灌溉水通过主管、干管、支管均匀地送到滴灌带上，以满足烟株生长的需要。滴灌有固定式地面滴灌、半固定式地面滴灌、膜下滴灌和地下滴灌等不同方式。

（二）确定灌水时间的依据

1. 土壤湿度

根据测定土壤湿度进行灌溉，在目前来说是一个比较可靠、简单易行的方法。一般土壤湿度在田间最大持水量的60%以下就要灌溉。但这是一个间接方法。因为，土壤干湿度不能完全很好反映烟株的生理状况，有时土壤并不十分干旱，而烟草已生理缺水；有时土壤含水量还远远多于植物的萎蔫系数，但已低于需水临界期应具有的水量。所以要充分发挥灌溉效益，还应从植株本身的生育变化着眼。

2. 形态指标

烟株水分的亏缺，常从植株形态上反映出来，故形态指标可作为是否需要灌水的依据。当烟株叶片白天萎蔫，傍晚还不能恢复，直到夜晚才能恢复时，表示土壤水分已经不能满足烟株正常生长的需要，应当灌水。当翌日早晨还不能恢复正常，说明缺水严重，生长已受影响，必须立即灌水抢救。这一指标的缺点是当形态上表现萎蔫时，从生理需水来说，已经稍迟。

3. 生理指标

生理指标是合理灌溉的较好依据。因为它能更早地反映烟株内部的水分状况。生理指标中对灌溉反映最灵敏的是叶片的水势（细胞吸水力）。当植株缺水时，叶片水势很快降低。但不同部位的叶片和不同时间的水势常不相同。故应在9：00左右，测定一定部位的叶片。

4. 生产经验

烟田灌溉，我国烟农有丰富的经验，他们从常年的生产实践中总结出了"看天""看地""看烟"的三看方法。"看天"即指气候条件，依据当年的气候特点，和当时的天气变化情况而定。"看地"是指土壤条件，即视土壤墒情、土壤质地与结构、肥力及坡度等而定。"看烟"是指烟株的形态表现。总之，浇水要依据天、地、烟三方面的情况综合考虑，灵活掌握，以满足不同生育期烟株对水分的需要。

（三）雪茄烟灌溉

茄衣烟叶要求植株生长速度快，且连续不断地生长，因此，整个生育期不能遇到明显的水分胁迫。根据雪茄生长发育的需水规律按需灌溉，浇足移栽水和封埯水，每个环节每棵烟浇水量2.5 kg以上，小团棵、大团棵浇水量分别达到5 m³/亩、9 m³/亩，旺长期灌水量30～45 m³/亩，成熟期滴灌灌水量15 m³/亩。在各生育阶段，保持适宜的土壤含水量指标，其中伸根期60%～70%，旺长期75%～85%，成熟期65%～75%。

第六节　茄衣遮阴栽培

由于茄衣对质量的特殊要求，因此其在生长期内不能有强光的照射，只有在云雾多、日照强度较弱的条件下，才能获得较高的品质。世界上大多数雪茄烟产区的自然条件并不能满足茄衣烟叶生长的要求，因此多通过搭建遮阳网的方式进行遮阴栽培。想要获得理想的茄衣烟叶，仅靠遮阴是不够的，还与田间相对湿度的增加、蒸腾作用的降低以及风速有关。搭建遮阳棚的作用，就是创造一个潮湿的接近热带气候的小环境。

一、遮阴棚的搭建

（一）棚柱

在田间，每隔10 m左右立一根棚柱，也可根据地块情况调整棚柱间距，但尽量不超过10 m。棚柱材质一般为不锈钢圆管（ϕ76 mm×2 mm）或方管（40 mm×50 mm），总长度约3.5 m，底部用水泥浇筑，深度约0.5 m。最外围的棚柱一方面在顶端相互焊接形成一个整体，另一方面通过焊接斜向立柱（呈三角形）进行加固，斜向立柱同样用水泥浇筑在地下（图4-1和图4-2）。

图4-1　遮阴棚（沂南）

图4-2　遮阴棚（沂水）

（二）金属线

在棚柱顶部，每隔1 m左右设置一个金属线，以更好承托纱网的重量。在遮阳棚最外围的棚柱下方，棚柱之间用金属线固定侧面的纱网。

二、遮阳网的选择

生产中可以采用的遮阳网按颜色可以分为黑色、灰色、白色、银色、黑白相间及黑灰相间等。不同颜色遮阳网的透光率一般为30%～70%，其中黑色遮阳网的透光率最低，在30%～50%，白色和银白色的透光率最高，可达70%左右（图4-3）。黑色遮阳网材质多为聚烯烃，添加紫外线稳定剂和抗氧化处理后抗拉、耐老化，可分为平织网和加密遮阳网，由于黑色遮阳网遮光较强，透光率较低，因此在雪茄烟生产中一般不采用。遮阳网的透光率除与颜色有关外，还与其网丝规格有关，遮阳网的网丝分圆丝和扁丝，圆丝的遮阳网丝像鱼线，扁丝的就是片状的。遮阳网是由经线和纬线交叉式编织的，如果经线和纬线全是由圆丝编织，那便是圆丝遮阳网；经线和纬线均是扁丝编织而成的遮阳网即是扁丝遮阳网，一般圆丝的透光率较高。遮阳网的材质有聚烯烃、聚乙烯和聚酯纤维。

图4-3　覆盖白色遮阳网的遮阴棚

雪茄烟目前生产中多采用白色或银白色遮阳网，材质为高密度聚乙烯或聚酯纤维，透光率为60%～70%。

三、遮阴时间

关于遮阴时间，目前在生产中尚未形成统一的认识。国内雪茄烟的生产多在团棵后开始遮阴，团棵后开展遮阴主要是有利于前期的烟株生长，促进伸根期根

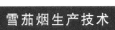

系下扎和地上部干物质积累；但在病虫害防治方面，特别是蚜虫的防治方面不如全生育期遮阴。根据国外生产经验，一般要求雪茄烟移栽后即进行全生育期遮阴，全生育期遮阴有利于防治病害，但容易导致根系下扎深度浅，生长过程中尤其是后期要防止烟株倒伏（图4-4）。

图4-4　遮阴栽培烟株长势长相

第五章 雪茄烟病虫害绿色防控

第一节 雪茄烟病虫害类型

一、雪茄烟病害

烟草病原微生物主要包括病毒、细菌、植原体、真菌和线虫，田间病害症状以花叶和脉坏死为主，少数为畸形和矮化。根据病原物的不同，雪茄烟病害分为侵染性病害和非侵染性病害。侵染性病害又分为真菌性病害、细菌性病害、病毒病、线虫，非侵染性病害有气候性斑点病。

经调查，我国雪茄主产区的主要病害是赤星病（图5-1）、蛙眼病（图5-2）、根黑腐病、线虫病和气候性斑点病。其中赤星病、蛙眼病连同角斑病、气候斑点病、煤污病、野火病属于叶部病害，根黑腐病连同黑胫病、青枯病、南方根结线虫病、爪哇根结线虫病、象耳豆根结线虫病等属于根茎类病害。另外不同雪茄产区病虫害种类和发生程度均有所差异，猝倒病、炭疽病、茎腐病在苗期多发，烟草黄瓜花叶病毒病、烟草曲叶病毒病、番茄黄化曲叶病毒病、马铃薯Y病毒病等病毒病在各产区整体发病较轻，赤星病、蛙眼病、角斑病、气候斑点病等叶斑类病害局部地区较重，黑胫病、青枯病、根结线虫病等根茎类病害整体发病较轻，偶有重症地区。

真菌性病害包括炭疽病、猝倒病、赤星病、蛙眼病、根黑腐病、黑胫病、煤污病等。

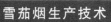

图5-1　赤星病

图5-2　蛙眼病

细菌性病害包括角斑病、野火病、青枯病。

病毒病包括烟草普通花叶病毒病、烟草黄瓜花叶病毒病、烟草曲叶病毒病、马铃薯Y病毒病、中国黄花稔黄花叶病毒病、中国胜红蓟黄脉病毒病等，图5-3为烟草曲叶病毒病，叶脉增厚并且出现黄脉症状。

图5-3　烟草曲叶病毒病症状

线虫包括南方根结线虫和爪哇根结线虫混合发病。

非侵染性病害主要有气候性斑点病，如图5-4所示。

图5-4　气候性斑点病

二、雪茄烟虫害

虫害包括烟青虫、棉铃虫（图5-5）、斜纹夜蛾（图5-6）、甜菜夜蛾、银纹夜蛾、烟蛀茎蛾、烟蚜（图5-7）、烟粉虱、烟盲蝽（图5-8）、南美斑潜蝇、扶桑绵粉蚧、红彩真猎蝽、六斑月瓢虫、黑带食蚜、烟蚜茧蜂、中华草蛉、马尼拉侧沟茧蜂等。

图5-5　烟青虫/棉铃虫

图5-6　斜纹夜蛾

图5-7　烟蚜

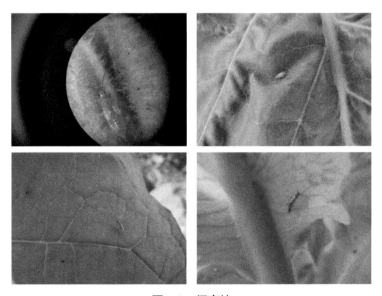

图5-8　烟盲蝽

地下害虫包括地老虎、金针虫、蛴螬，刺吸式害虫包括烟蚜、烟粉虱、烟盲蝽、扶桑绵粉蚧、稻绿蝽、斑须蝽，地下害虫发病率较轻。食叶类害虫包括烟青虫、斜纹夜蛾、棉铃虫、银纹夜蛾、蝗虫。蛀茎、潜叶类害虫包括蛀茎蛾、南美斑潜蝇，发病较轻。雪茄烟田天敌种类丰富，对害虫种群有一定的控制作用。天敌昆虫包括红彩真猎蝽、六瓣月瓢虫、黑带食蚜蝇、中华草蛉、烟蚜茧蜂和马尼拉侧沟茧蜂。

总的来说，苗期病虫害相对较少，为害较轻；旺长期至成株期病虫害种类多，为害重，TMV、CMV等病毒病，赤星病、蛙眼病等叶部病害，黑胫病、根腐病、青枯病、根结线虫等根茎类病害及非侵染性病害气候性斑点病等，烟蚜、烟青虫及斜纹夜蛾等害虫普遍发生且为害严重，是需要加强监测和防控的重要病虫害。

第二节　雪茄烟病虫害防治体系

针对雪茄烟区具有代表性的发病类型，区分全株病毒病害、叶部病害、根茎部病害及虫害，分类制订防治体系。

一、全株病毒病害防治

主要防治对象为烟草普通花叶病毒病和黄瓜花叶病毒病、马铃薯Y病毒病等蚜传病毒病。

（一）免疫诱抗技术

1. 免疫诱抗剂选择

建议选用的商品化免疫诱抗剂包括蛋白类、多糖类、寡糖类、脂肪酸类和多肽类等。

2. 使用方法

苗期灌施2次：按照1∶1 000倍稀释添加育苗水中（育苗池水的深度为10 cm，1瓶500 mL灵菌红素免疫诱抗剂可覆盖50 m²的育苗池），每隔30 d灌施1次。

移栽随定根水灌施1次：移栽前1 d，按照1∶500倍稀释，全部苗子叶面喷施1次或灌施1次。

移栽后10～15 d喷施1次：按照1∶500倍稀释，叶面喷施或灌施。

（二）源头控制技术

1. 设施消毒

育苗前，使用无残留消毒剂，对所有育苗设施进行消毒，并设置消毒池。可选用无残留消毒剂有次氯酸或二氧化氯或辛菌胺。

2. 过程消毒

苗床操作之前，提前1 d喷施抗病毒剂，可选用的抗病毒剂有宁南霉素、嘧肽霉素、混脂·硫酸铜等。剪叶实现剪叶消毒一体化，保证在剪叶过程中，剪叶器械的刀口上时刻保持抗病毒剂或消毒剂的存在，可选择的消毒剂有用二氧化氯、辛菌胺。

3. 虫媒阻隔技术

育苗棚全程设置防虫网，要求达到40目以上；防控蓟马类虫传播媒介，要求达到60目。

4. 病毒快检

移栽前，用TMV快速检测试纸条进行检测，烟苗带毒率必须控制在0.1%以内，超过0.1%不能移栽。

5. 田间卫生管理

烟叶生产过程中应注意病残体植株的及时清理，并集中处理；及时拔除早发病烟株，及时清理底脚叶、烟花烟杈；清除农药、化肥等包装废弃物，集中处理。

二、叶部病害防治

主要防治对象为赤星病、蛙眼病和气候斑病。

（一）品种选择

结合烟草工业企业对雪茄烟叶品质的要求及区域生态特征，合理选择优良、抗或耐叶部类病害的雪茄品种。

（二）农业防治

烟田选择，前茬不能为茄科、十字花科等蔬菜茬；增施有机肥提高抗病性，增施饼肥或农家肥，每亩增施腐熟发酵饼肥15～50 kg；合理种植密度，每亩植烟不超过1 100株，增加烟田通风透气。

加强排水管理，及时摘除并处理脚叶、病叶，适时采收。

收获后，清除烟秆等病残体，并集中处理；烘烤结束后，清理烤房附近烟叶废屑等，并集中处理。

（三）化学防治

1. 赤星病和蛙眼病

波尔多液预防：打顶前15 d，混匀80%波尔多液可湿性粉剂600～750倍液喷施波尔多液预防病害发生。

药剂防治：打顶前一周开始统防统治，每隔7～10 d 1次，2～3次即可；可选用药剂有10%多抗霉素可湿性粉剂800～1 000倍液、1.8%嘧肽多抗水剂700倍液、70%丙森锌可湿性粉剂1 000倍液、490 g/L丙环·咪鲜胺乳油1 000倍液等。

2. 气候性斑点病

烟株团棵期前后选用80%波尔多粉剂600倍液或77%硫酸铜钙可湿性粉剂预防1～3次，每次间隔7～10 d。

三、根茎病害防治

主要防治对象为黑胫病、青枯病和根结线虫病。

（一）土壤调酸处理

针对烟草青枯病和黑胫病的混发区域，对土壤酸化烟田可选择生石灰或牡蛎壳粉进行调酸，建议使用牡蛎壳粉。200 ℃煅烧后，将其研磨粉碎为粒径100目大小的粉末。于起垄前将牡蛎壳粉与微量元素混合均匀后，撒施于烟田，然后翻耕与土壤混合均匀。

施用量：pH值在4.5～5.0，每亩的施用量200 kg；pH值在5.0～5.5，每亩的施用量130 kg；pH值在5.5～5.9，每亩的施用量65 kg。

（二）生物防治

以1 000亿CFU/g枯草芽孢杆菌可湿性粉剂作为防控烟草黑胫病的主推生物菌剂，以3 000亿CFU/g荧光假单孢杆菌可湿性粉剂作为防控烟草青枯病的主推生物菌剂，严格执行早用药和及时用药的技术规范，采用移栽时蘸根、栽后及时灌根两步走策略，有效替代化学杀菌剂的使用。

（三）化学防治

1. 烟草黑胫病

可选用100万CFU/g寡雄腐霉菌可湿性粉剂20 g/亩、10亿CFU/g枯草芽孢杆菌125 g/亩、80%烯酰吗啉水分散剂2 000倍液、58%甲霜锰锌可湿性粉剂800倍液等对以往发病严重地块移栽后15 d、25 d、35 d各灌根1次。

2. 烟草青枯病

移栽时穴施3 000亿个/g荧光假单孢杆菌粉剂，1 kg/亩；发病严重地块使用3%中生菌素可湿性粉剂180 g/亩、3 000亿个/g荧光假单孢杆菌粉剂500g/亩于移栽后25 d、35 d各灌根1次。

3. 烟草根结线虫病

可选用3%阿维菌素微胶囊剂600 g/亩、25%丁硫甲维盐水乳剂30mL/亩于移栽时（拌土穴施）、团棵初期（灌根）各施用1次。

四、虫害防治

（一）食叶性害虫防治关键技术

主要防治对象为烟青虫/棉铃虫和斜纹夜蛾。

1. 成虫诱杀

（1）性诱剂诱杀。移栽后开始使用烟青虫、棉铃虫、斜纹夜蛾性诱剂诱捕这些害虫的成虫。每亩设置诱捕器1个，每月更换1次诱芯，诱捕器中心位置垂直距离烟田地面110～115 cm或高出烟株顶部10～15 cm。烟青虫/棉铃虫和斜纹夜蛾诱捕器的设置比例为1∶2，性诱器在田间交叉放置。

（2）灯诱和食诱。雪茄烟叶生产季，每15～20亩设置1台频振式杀虫灯，诱杀成虫。杀虫灯中心位置垂直距离烟田地面110～115 cm或高出烟株顶部80 cm左右，每日19∶00开灯，翌日早上6∶00关灯。移栽后（12月上中旬）开始诱杀，采收结束后（4月上中旬）停止。

烟田鳞翅目成虫高发期，采用糖醋液等食诱剂诱捕烟青虫、棉铃虫蛾等鳞翅目害虫成虫，每亩使用食诱剂1套，每半个月更换1次诱集食物，食诱剂诱集盒应高出烟株顶部10～15 cm。

2.化学防治

移栽后喷施15%甲维·茚虫威悬浮剂650～850倍液，预防斜纹夜蛾/烟青虫/棉铃虫。

定期调查田间被害虫株率和虫口密度，发现害虫或卵块，为害株率达2%以上时喷施甲氨基阿维菌素苯甲酸盐乳油或虫螨·茚虫威3 000～5 000倍液杀灭害虫。也可选用10%烟碱乳油600～800倍液、0.5%苦参碱水剂600～800倍液、0.3%印楝素乳油800～1 000倍液等生物农药在烟叶正反面喷雾防治。

3.生物防治

有条件地区可释放猎蝽、瓢虫等捕食性天敌防治低龄幼虫。

（二）刺吸类害虫防治关键技术

主要防治对象为烟蚜，兼顾烟粉虱和烟盲蝽。

1.黄板诱杀

育苗棚、田间设置黄板诱杀烟蚜、烟粉虱等刺吸类害虫，悬挂高度为高于烟株10～15 cm，使用密度为20～30张/亩。

2.化学防治

带药移栽：移栽前一周烟苗喷施低毒农药氟啶虫胺腈或噻虫嗪3 000～5 000倍液，也可于移栽时蘸根处理。

应急防治：蚜虫数量猛增时选用25%噻虫嗪水分散粒剂8 000～10 000倍液、20%啶虫脒可湿性粉剂8 000～10 000倍液、氟啶虫酰胺·啶虫脒5 000倍液叶片喷施，也可选用阿维菌素+吡蚜酮+烯啶虫胺、顺式氯氰菊酯+吡蚜酮+吡虫啉混配方案进行喷施，应注意不同农药间的轮换以减缓抗药性的发展。

3.生物防治

烟蚜茧蜂防治蚜虫：根据测报情况，当单株蚜量在6～20头时，按照《烟蚜茧蜂防治烟蚜技术规程》（GB/T 37506—2019）要求，以500～1 000头/亩的标准释放烟蚜茧蜂，释放1次。周边种植蜜源植物提供天敌庇护所。

生物药剂防治蚜虫：根据测报情况，当田间蚜株率>50%，单株蚜量>20头时，对蚜虫为害烟田的烟叶正反面喷施1次10%烟碱乳油800倍液或0.5%苦参碱水剂800倍液防治。

4. 农业防治

及时打顶抹杈，并将花、杈带出田外集中妥善处理，减少田间蚜虫种群数量。

（三）地下害虫防治关键技术

主要防治对象为小地老虎。

1. 成虫诱杀

（1）性诱剂诱杀。移栽前50～60 d（10月上旬）开始采用小地老虎性诱剂诱捕小地老虎，每亩设置诱捕器1个，每月更换1次诱芯，移栽后30～40 d（翌年1月下旬）结束诱捕并收回诱捕器。

（2）灯诱。安装太阳能黑光灯诱捕器诱杀成虫，诱集时间为移栽前50～60 d（10月上旬），移栽后30～40 d（1月上中旬）结束灯光诱杀。

2. 化学防治

灌根：移栽时结合定根水，施用10%烟碱乳油600～800倍液、10%高效氯氟氰菊酯水乳剂6 000～8 000倍液、5%氯氰菊酯乳油5 000～6 000倍液等药剂灌根防治地老虎幼虫。

盖膜前，对地下害虫高发田块，在垄体上喷施10%烟碱乳油800倍液或按100 g/株的标准使用绿僵菌颗粒剂。

田间断苗率达到1%及以上时，选用50%辛硫磷乳油1 000倍液滴灌进行防治，也可在烟株茎基选用5%高氯·甲维盐微乳剂按7.5～10 mL/亩标准防治幼虫。

第六章　雪茄烟晾制

雪茄烟晾制是指田间采收的新鲜烟叶在晾房内自然或辅以人为调控的温度、湿度、通风条件下，经水分的散失和一系列复杂的生物化学反应，外观颜色由绿色逐步转变为棕褐色，内在化学成分缓慢转化，初步形成具有吸食特点的雪茄烟叶的过程。晾制过程中，雪茄烟叶脱水干燥和内部化学物质变化需相互协调。晾制效果的好坏，与田间管理水平、烟叶成熟度、自然温度和湿度条件、晾房设施设备和晾制工艺等因素均有一定关系。作为决定雪茄烟叶质量和雪茄产品品质的一个重要环节，晾制过程前承大田、后接发酵，是烟叶田间生长发育水平的体现，也是顺利进入发酵及充分完成发酵的基础。

第一节　雪茄烟采收

一、采收成熟度

采收成熟度决定了雪茄烟叶进入晾制阶段的物质基础，也是影响雪茄烟叶质量的一个重要指标。成熟度适宜的雪茄烟叶身份适宜、组织结构疏松、干物质积累丰富，有利于烟叶颜色的形成和化学成分的转化，提升内在化学成分的协调性，对于雪茄烟叶物理特性、外观质量、内在质量和感官评吸质量均有很大影响（刘博远等，2021；向东等，2022）。

国内外专门对雪茄烟叶采收成熟度的研究很少，但一般认为，因雪茄茄衣与茄芯烟叶用途不同，采收成熟度有较大差异。茄衣烟叶主要起美观作用，叶片完整度、颜色均一度、韧性和油分至关重要，要求烟叶叶面完整、平整、光滑、无病斑，未出现变黄、焦尖现象，因此采收时烟叶成熟度相对较低，做到适熟早采。茄芯烟叶决定雪茄烟的风格特征，要具有典型的雪茄烟香气和好的吃味，要求烟叶内含物积累较多，可适当延长大田生育期，以保证较好的内在化学成分积累和感官质量，因此采收成熟度相对较高，做到成熟采收。

烟叶采收成熟度影响因素较多，如品种、部位、田间管理措施、移栽期、天气等。但一般来讲，烟叶成熟度可根据烟叶颜色、主脉变白程度及移栽时间进行综合判断。

不同部位的烟叶采收成熟度有较大差别，因此一般按照部位和成熟度进行采收，烟叶部位划分为：下部叶（包括脚叶、下二棚叶）、中部叶（也称腰叶）、上部叶（包括上二棚叶、顶叶）。

（一）茄衣烟叶成熟标准

（1）下部叶采收标准。叶色绿色（绿中微带黄），主脉1/3稍白，叶面平整，茸毛少部分脱落。移栽后50～60 d。

（2）中部叶采收标准。叶色绿黄（绿中微带黄），主脉1/3变白，支脉1/4变白，茸毛部分脱落，叶面平整，叶尖叶缘稍下垂，茎叶角度稍增大。移栽后65～75 d。

（3）上部叶采收标准。叶色黄绿（黄中带绿），主脉1/2变白，支脉1/2变白，茸毛大部脱落，茎叶角度较大。移栽后80～90 d。

（二）茄芯烟叶成熟标准

（1）下部叶采收标准。叶色绿黄（绿中微带黄），主脉1/3变白，支脉1/4变白，茸毛部分脱落，叶面平整，叶尖叶缘稍下垂，茎叶角度增大。移栽后55～60 d。

（2）中部叶采收标准。叶色黄绿（黄中带绿），主脉1/2变白，支脉1/2变白，茸毛大部脱落，茎叶角度较大。移栽后65～75 d。

（3）上部叶采收标准。叶色浅黄（以黄为主），主脉2/3变白、支脉1/2变白，叶面发亮，茸毛大部脱落，茎叶角度较大。移栽后85～95 d。

二、采收方式

按照成熟度标准和部位由下至上逐片采收，每次采3～4片，每隔7 d左右采收一次，每株烟采收5～6次完成。

三、采收注意事项

一是应于晴天或多云早晨叶面露水蒸发后开始采收，雨天不得采收烟叶。

二是烟叶进入晾房时表面无水渍、水珠，防止晾制过程烟叶局部排湿不畅形成青斑或腐烂。

三是采收后，要将烟叶移到阴凉低温处并覆盖毛毡等遮盖物，不能在烈日下暴晒，避免烟叶急干变青，也不能淋雨，避免烟叶发霉变质。

四是采收搬运需小心谨慎，可使用烟筐周转，避免烟叶碰撞挤压损伤，尤其是茄衣烟叶，要确保烟叶完整度。

五是当日采收的烟叶必须当日穿烟晾挂，不可堆放过夜，防止烟堆发热损伤烟叶质量。

六是如遇极端天气（冰雹）、叶斑类病害（赤星病、蛙眼病、野火病、角斑病等）突然发生，为保证烟叶叶片完整度，可及时提早采收。

第二节　雪茄烟晾制技术

一、分类穿烟

（一）鲜烟分类

对采后的雪茄烟叶分品种、分部位，分筐装运，按成熟度、大小、残伤分类，分类穿烟，以保持鲜烟品质一致，做到同杆同质，便于晾制过程工艺控制和晾制后烟叶分级（图6-1）。

图6-1　不同成熟度烟叶的鲜烟分类

（二）穿烟编烟

推荐使用烟杆穿烟晾制，也可采用编烟或其他固定方式。因晾制时间较长，叶片需固定牢靠，以免晾制过程中叶片从烟杆脱落。烟杆长度根据晾架规格而定，材质可选用竹竿、不锈钢管或镀锌钢管。为避免烟叶中混有异物，穿烟绳使用麻线、毛线或棉线绳，不得使用化纤绳线。

一般穿烟线与叶脉横向垂直，距叶柄基部3～4 cm，烟杆两侧交替穿烟。叶面向外，叶背向内，烟杆两侧叶间距2 cm左右，同侧叶间距3～5 cm。穿烟密度一般为35～40片/m，烟杆两边预留10 cm左右，以方便挂烟上架。根据叶片大小、成熟度和天气状况，可适当增大或减小穿烟密度（图6-2）。

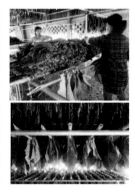

图6-2　编穿烟

二、挂烟上架

采摘的新鲜烟叶必须当天穿烟上架，并根据鲜烟分类情况决定晾制位置、行距等参数。

根据晾房的装烟层数放置烟叶，一般可放置3～7层。最底层烟杆与地面之间距离1 m左右，以保证下层良好的通风条件。最高层烟杆与顶棚最高处距离约0.5 m，层距0.8 m左右，保证顶层与晾房顶部留有隔热空间，并保持良好的通风条件，避免温度过高。

视叶片大小及装烟量确定杆距，一般杆距保持在20～30 cm，两杆烟叶之间留有空隙，以保持良好的通风条件，并避免杆与杆之间叶片粘连。雨天或装烟量较大的情况下杆距要稍稀（间距25～30 cm），以保证良好的通风和排湿条件，避免烟叶排湿不畅造成烟叶腐烂霉变。晴天或装烟量较小的情况下杆距要稍密

（间距20～25 cm），以保证烟叶周围湿度，避免烟叶水分散失过快，造成晾制进程过快（张锐新等，2018）（图6-3）。

图6-3　晾房挂烟

三、晾制技术

雪茄烟叶进入晾房后，通过自然或人为控制晾房内温度和湿度，使雪茄烟叶晾制进程朝着预定的方向进行。雪茄烟叶晾制过程的湿度、温度和通风3个因素对烟叶品质形成起决定性作用。应适度提高晾制湿度，湿度太低，烟叶失水速度过快，颜色和化学成分难以充分转化，并且难以控制晾制进程。应控制晾制温度，温度太高，烟叶失水过快，晾制进程加快，烟叶变棕变褐过快，有损烟叶质量；温度太低，烟叶难以变黄，并有可能产生腐烂、霉变等现象。应保持适度通风，以供给晾制过程烟叶养分转化所需氧气，通过开启天窗地洞轻缓通风，非必要情况不建议使用风机强制通风。湿度、温度、通风三个因素决定了晾制速度和深度，晾制时间应保持在30～45 d。当自然条件不适宜，例如高温、降雨等天气时，要采用必要辅助设施，尽量保证每个晾制阶段在适宜的温度与湿度条件下进行（邹宇航等，2015；陈栋等，2019）。

根据烟叶外观状态的变化可把晾制过程划分为5个阶段：凋萎期、变黄期、变褐期、定色期、干筋期，一般晾制时间为30～45 d（图6-4）。

阶段	凋萎期	变黄期	变褐期	定色期	干筋期
烟叶变化情况					
阶段目标	叶片变软凋萎，叶尖叶缘变黄	叶片由叶尖叶缘逐步向中部变黄，整体变黄至八九成，叶尖叶缘变褐	叶片由黄变褐，叶变叶缘逐渐变干	叶片红褐色或红棕色，支脉全干，主脉干至七成	叶片主脉全干，具有较好的油分、光泽
湿度范围（%）	92～96	88～95	80～88	70～80	50～60
温度范围（℃）	23～27	26～28	28～30	30～32	32～38
晾制时间（d）	3～5	7～10	7～10	7～8	5～6
操作技术要求	①尽量自然条件晾制。②合理调整杆距、挂层，使用天窗、地洞、排风扇，辅助必要增湿、排湿、增温、降温设备设施，满足不同阶段温度与湿度要求。③进入变黄期后每天在环境与晾房温度与湿度接近的条件下通风2次				

中国农业科学院烟草研究所

图6-4 雪茄烟叶晾制工艺

1. 凋萎期

烟叶缓慢失水，变软凋萎。新鲜烟叶进入晾房后，水分含量很大。随晾制进行，首先叶尖、叶缘等叶片较嫩部分失水较快，进入萎蔫，甚至叶尖、叶缘开始变黄，随后整片叶片逐渐失水变软。凋萎期以保湿为主，防止叶片因湿度过低而失水过快，颜色由绿色直接变为青色（图6-5）。凋萎期晾制时间一般为3～5 d，温度23～27 ℃，不要超过30 ℃，相对湿度不低于90%，一般不需通风排湿。

图6-5 雪茄烟叶晾制凋萎期主要特征示意

2. 变黄期

烟叶继续缓慢失水变软,颜色由绿变黄。变黄前期,叶尖、叶缘开始变黄,然后黄色由叶尖逐渐向叶中、叶基延伸,由叶缘逐渐向主脉、支脉延伸,但支脉、主脉仍为绿色或浅绿色(图6-6)。变黄后期,叶尖、叶缘开始变褐,叶片由绿色基本变为黄色,支脉浅绿或微黄,主脉仍为绿色。变黄期尽可能延长,以保证烟叶变黄均匀和内在化学成分充分转化,因此温度不宜过高,湿度不宜过低。变黄期晾制时间一般为7～10 d,26～28 ℃,不要超过30 ℃,相对湿度88%～95%,前期保持在92%左右,后期保持在88%左右,不能低于85%。

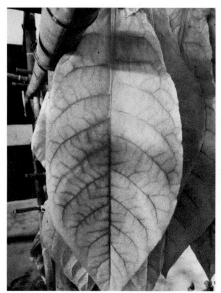

图6-6 雪茄烟叶晾制变黄期主要特征示意

3. 变褐期

烟叶继续缓慢失水,颜色由黄变棕褐。变褐前期,叶尖、叶缘由黄变棕褐,然后棕褐色由叶尖逐渐向叶中、叶基延伸,由叶缘逐渐向主脉、支脉延伸,支脉为黄色,主脉由绿变黄。变褐后期,叶片全部变为褐色,支脉、主脉褐色由前端逐渐向后端延伸,直至全部变褐(图6-7)。变棕期尽可能延长,以保证烟叶颜色变褐均匀和内在化学成分充分转化,因此温度不宜过高,湿度不宜过低。变褐期一般晾制时间为7～10 d,温度28～30 ℃,不能超过32 ℃,相对湿度88%～80%,在防止烟叶腐烂霉变的前提下,湿度应尽量提高。

图6-7 雪茄烟叶晾制变褐期主要特征示意

4. 定色期

烟叶继续缓慢失水至基本全干，整个叶片均为褐色或红褐色，且颜色均匀（图6-8）。叶片两侧支脉失水完全至全干，主脉失水至七成。定色期尽可能延长，以保证烟叶颜色更加均匀一致，因此温度不宜过高，湿度不宜过小。变褐期一般晾制时间为7~8 d，温度30~32 ℃，相对湿度70%~80%。

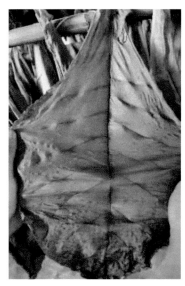

图6-8 雪茄烟叶晾制定色期主要特征示意

5. 干筋期

烟叶主脉快速失水，至叶片、支脉、主脉全干，整个叶片均为褐色或红褐色，且颜色均匀，叶片含水量降至16%以下，烟叶表现为叶片可直立，烟叶主脉能折断，叶片摇动有响声等（图6-9）。干筋期主要为主脉快速失水，防止主脉水分向支脉和叶片转移，出现阴筋阴片现象，因此需适当提高温度、降低湿度。干筋期一般晾制时间为5～6 d，温度32～38 ℃，不要超过40 ℃，相对湿度50%～60%。若叶片颜色变得不均匀，可使烟叶在最上层放置1周左右，使叶片颜色更均匀一致。

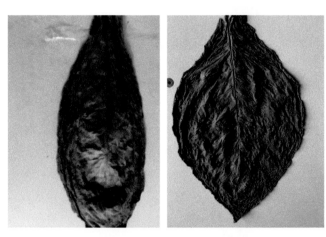

图6-9　雪茄烟叶晾制干筋期主要特征示意

四、调控措施

雪茄烟叶晾制过程中温度与湿度调控主要依靠自然环境条件和晾房保温保湿性能，温度与湿度调控措施需轻缓，切勿温度与湿度短时间内急剧变化，尽量减少辅助仪器设备设施干预。

1. 温度调控

降温措施主要以自然通风为主，如遇阳光直射晾房，内部温度过高，可搭建遮阴网，并辅以开启天窗、地洞通风降温。

增温措施主要有炭炉、湿热风、电热片、暖风机以及加热除湿一体机等。

2. 湿度调控

降湿措施主要以自然通风为主，可适当降低晾制密度和晾房容量，并辅以晾房天窗、地洞通风排湿。如外界湿度较低，可采用风机强制通风排湿，但应避免湿度短时间内急剧降低。如遇阴雨天气，外界湿度过大，可关闭天窗、地洞，采用除湿设备除湿。

增湿措施主要依靠晾房保湿性能，可适当增加晾制密度和晾房容量，并关闭晾房天窗、地洞。人工辅助措施主要有加湿器、麻片泼水等。

降温措施主要以自然通风为主，如遇阳光直射晾房，内部温度过高，可搭建遮阴网，并辅以开启天窗、地洞通风降温。

增温措施主要有炭炉、湿热风、电热片、暖风机以及加热除湿一体机等。

3.通风调控

通风措施主要以开启天窗、地洞自然通风为主，变黄期后，需每天进行通风操作，保证晾房内外气体交换。

五、常见问题

1.凋萎期死青烟

主要表现：烟叶叶尖叶缘甚至整片叶由绿直接变青，甚至变褐色（图6-10）。主要原因：一是晾制温度过高、湿度过低，烟叶失水过快，自由水大量散失，无法提供后续变黄变褐所需的水分，烟叶内色素无法继续转化或转化不及时、不充分；二是烟叶的采收成熟度过低。

主要解决措施：一是湿度调控，通过缩小杆距、调整晾制位置、关闭天窗和地洞、辅助增湿等措施提高晾制湿度；二是温度调控，通过搭建遮阴网、调整晾制位置等措施降低晾制温度；三是成熟度调整，适度提高烟叶的采收成熟度。

图6-10　雪茄烟叶晾制凋萎期死青烟

2.变黄期青烟

主要表现：叶片未充分变黄，直接变褐，造成烟叶带青色青痕（图6-11）。主要原因：一是晾制温度过高、湿度过低，烟叶失水过快，烟叶内化学成分和色素转化不协调、不充分；二是烟叶的采收成熟度过低。

主要解决措施：一是湿度调控，通过缩小杆距、关闭天窗和地洞、辅助增湿等措施提高晾制湿度；二是温度调控，通过搭建遮阴网等措施降低晾制温度；三是成熟度调整，适度提高烟叶的采收成熟度。

图6-11　雪茄烟叶晾制变黄期青烟

3.变黄期烂筋

主要表现：变黄期烟筋腐烂，尤其是叶基部进行编穿烟的主脉位置（图6-12）。主要原因：一是晾制湿度过高，烟筋水分不能通过叶片排出，或排湿不畅；二是温度与湿度不协调，晾制温度过低，湿度过高。

主要解决措施：一是湿度调控，通过增大杆距、降低穿烟密度、开启天窗和地洞、辅助排湿等措施降低晾制湿度；二是温度调控，通过辅助增温措施、调整晾制位置适当提高晾制温度；三是控制编穿烟位置，一般穿烟线与叶脉横向垂直，距叶柄基部3～4 cm，提高叶柄位置的通风度。

图6-12　雪茄烟叶晾制变黄期叶脉腐烂

4. 变褐期烂片

主要表现：变褐期叶片表面有明显水迹，手摸无韧性，腐烂（图6-13）。主要原因：一是晾制湿度过高，叶片排湿不畅；二是编穿烟密度过大，叶片过密甚至叶片粘连；三是温度与湿度不协调，温度过低，湿度过高。

主要解决措施：一是湿度调控，通过增大杆距、降低穿烟密度、开启天窗和地洞、辅助排湿等措施降低晾房内湿度；二是温度调控，通过辅助增温措施、调整晾制位置适当提高晾制温度，三是抖动烟杆，适当抖动烟杆，使粘连叶片分离，提高叶片之间通风排湿状况。

图6-13　雪茄烟叶晾制变褐期叶片腐烂

5. 定色期颜色不均匀

主要表现：定色期烟叶表面出现青筋或青斑，黄色、棕色、褐色相间，颜色不均匀（图6-14）。主要原因：一是晾制前期变黄、变褐不完全，晾制进程过快；二是晾制温度与湿度控制太剧烈，温度上升过快，湿度降低过快；三是温度与湿度不协调，温度过低，湿度过高。

主要解决措施：一是温度与湿度调控，温度与湿度调整要缓慢，切忌急升温急排湿；二是晾制进程调控，适当控制变黄期、变褐期温度与湿度，延长变黄、变褐时间，使色素充分转化；三是适当控制定色期时间，充分定色。

图6-14　雪茄烟叶晾制定色期颜色不均

6. 干筋期霉变

主要表现：干筋期烟叶或烟筋出现腐烂发霉（图6-15）。主要原因：一是晾制温度过低，湿度过高，烟筋失水过慢；二是干筋后期因外界湿度过大，烟筋反复回潮吸水。

主要解决措施：一是湿度调控，通过关闭天窗和地洞、辅助排湿等措施降低晾房内湿度；二是温度调控，通过辅助增温措施适当提高晾制温度。

图6-15　雪茄烟叶晾制干筋期霉变

7. 其他问题

（1）叶片烫伤。主要表现：烟叶呈现死青色。主要原因：烟叶采收时长时间暴晒在阳光下，叶片细胞内酶类物质失活，不能继续完成后期的颜色变化及成分转化。主要解决措施：采摘后的新鲜烟叶及时置于阴凉处，同时覆盖毛毡等遮盖物，避免阳光直晒和高温水分急剧散失（图6-16）。

图6-16　雪茄烟叶叶片烫伤

（2）叶片出现虫蛀。主要表现：烟叶晾制过程中发生虫咬现象，叶片出现大面积孔洞。主要原因：烟叶采收时叶片上含有虫卵，编烟上架后，烟青虫继续为害叶片，以叶片营养为营养，完成自身生长繁殖，使烟叶出现大面积孔洞。主要解决措施：田间做好害虫如烟青虫、斜纹夜蛾等的防治工作（图6-17）。

图6-17 雪茄烟叶虫害

（3）烟叶大面积出现斑点样绿斑。主要表现：烟叶上出现斑点样绿斑。主要原因：变黄期间湿度较大，叶片上有水汽聚集，叶片变黄不彻底，后期急剧变棕褐。主要解决措施：加强变黄期、变褐期湿度控制，及时调控晾制湿度（图6-18）。

图6-18 雪茄烟叶斑点样绿斑

（4）烟叶个别出现斑点样绿斑。主要表现：部分烟叶上出现斑点样绿斑。主要原因：采收、编烟、晾制过程中烟叶受到物理损伤，后期颜色难以保持均匀变化。主要解决措施：采收、编烟、晾制过程中轻拿轻放，避免出现烟叶的物理损伤（图6-19）。

图6-19　雪茄烟叶个别斑点样绿斑

六、下架储存

　　晾制结束后的雪茄烟叶不能长期储存在晾烟架上，易造成烟叶质量下降，因此需尽快回潮下架储存。晾制结束后，烟叶水分含量较低，需进行回潮处理，以防止叶片损伤破碎。在清晨或者夜间打开晾房门窗，让烟叶自然吸湿回潮，或采用人工方式提高环境湿度回潮。一般情况下，烟叶回潮至含水量18%～20%，叶片变软，不易破碎损伤，但主脉含水量较小，可折断。

　　烟叶回潮后迅速下架，进行简单分拣，分品种、部位扎把、标记（茄衣烟叶先剔除破损烟叶）。用干净薄膜铺底，将烟叶按堆积发酵方式堆码，高度0.5～1.0 m，上部覆盖薄膜密封，保持烟叶含水量在18%～20%，使烟叶不干燥破碎，也不潮湿发霉。

第三节　晾房建造

一、晾房建造要求

1. 晾房选址

　　晾房建设地点应选择地下水位低，具有良好的排水条件，背风向阳，烟叶种植较为集中，且管理和运输烟叶较为方便的地方为宜。

2. 晾房结构

晾房一般包括房顶、房身、天窗和地洞、操作门、挂烟架、辅助设备六部分，需具备良好的保温保湿通风性能。一般晾房主体材质为木材、砖混或新型高分子材料。国外传统晾房主体结构为木头，整体遮光性好，透气性好，保湿性好。而国内改建晾房多以砖混结构为主，新建晾房多以聚氨酯板等保温材料为主。晾房内无通风死角，门窗开能通风、防雨，关能防潮、保温保湿（王浩雅等，2009）。

3. 晾房规格

晾房规格包括长宽高等参数可根据场地大小和晾制容量灵活确定，一般一座晾房晾制容量为5～10亩烟叶。晾房容量或面积太小，温度与湿度缓冲能力较差，而容量过大，晾房各部位温度与湿度差异较大，均不易调控。宽度决定空气通过烟叶对流的距离，不易过宽，以免造成排湿不畅，长度可长可短，根据产区实际而定。晾烟层数一般以4～7层为宜，层数越多，上下层温度差异越大，调控难度和操作困难也越大，且增大了晾制过程中人员的安全风险。晾烟架最下层离地面最好在1 m以上，最上层离顶部0.5 m以上（如有天窗）。

4. 辅助设备设施

晾房内温度与湿度以自然环境温度与湿度调控为主，通过开启关闭天窗和地洞、调整杆距、杆位等方式，如仍不满足晾制工艺要求，需借助辅助设备设施。

温度调控主要的辅助设备设施有木炭炉、电热片、暖风机等，湿度调控主要的辅助设备设施主要有风机、加湿器、除湿机、加热除湿一体机等。这些辅助设备设施安装简便，易于操作，但也容易造成晾房内局部温度与湿度变化急剧，影响晾制质量。近年来，集约化控温控湿晾房显现出巨大优势。通过在晾房内安装智能自动控制系统，实时监测温度与湿度，进而对天窗和地洞、风机等进行智能控制，同时铺设热风湿气管道，通过鼓风机将热湿气送入晾房，以调控晾房内温度与湿度（任天宝等，2017）。

二、国内外晾房建造情况

1. 国外典型晾房介绍

古巴等中美洲国家晾制期在3月至6月下旬，3个多月，主要采用传统的自然温度与湿度晾制。传统晾房主体结构为木头，整体遮光性好，透气性好，保湿性好（图6-20）。近年来也开始研究控温控湿晾制技术。印度尼西亚等东南亚国家完全采用传统的自然晾制方法，晾制期间日平均气温在30 ℃左右，相对湿度80%～90%，主要通过开关门窗控制湿度（陶健等，2016）。

图6-20　古巴雪茄烟叶晾房内外部结构

2. 国内典型晾房介绍

山东雪茄晾房多为砖混或钢架结构，各地因地制宜，借助原有烟站、库房等设施改建而成，均具有较好的保温保湿性能。晾房规格不一，内部晾烟架为钢管脚手架结构，晾烟层数为4～7层，晾房容量为10～15亩。晾房多改造建有天窗、地洞、顶窗等，并配有排风扇、除湿机、加热风机等辅助设备设施（图6-21）。

图6-21　山东典型雪茄烟叶晾房样式

海南标准化晾房材质为彩钢瓦夹心隔热材料，规格为30 m×7.2 m×7.3 m，内部晾烟架为钢管脚手架结构，晾烟层数为7层，晾房容量为10~15亩。晾房采用自动化控制系统，排风窗能自动开启关闭，同时采用空气热泵管道加热（图6-22）。

图6-22　海南雪茄烟叶晾房内外部结构

云南临沧标准化晾房材质为彩钢瓦夹心隔热材料，规格为30 m×7.2 m×7.3 m，内部晾烟架为钢管脚手架结构，晾烟层数为7层，晾房容量为10~15亩。晾房采用自动化控制系统，排风窗能自动开启关闭，同时采用空气热泵管道加热。晾房地面设计精细，最底层是土层，土层上面为沙层，沙层上面铺一层碎石层，能很好起到了调节室内湿度作用（图6-23）。

图6-23　云南雪茄烟叶晾房内外部结构

湖北来凤标准化晾房材质为彩钢瓦夹心隔热材料，规格为48 m×7.2 m×6.2 m，晾房容量为30亩。晾房采用自动化控制系统，每个晾房具备风机10台、温控仪6台、GPS远程自控设备等（图6-24）。

图6-24   湖北雪茄烟叶晾房内外部结构

第七章　雪茄烟发酵

　　发酵指人们借助微生物在有氧或无氧条件下的生命活动来制备微生物菌体本身、直接代谢产物或次级代谢产物的过程。发酵一词最初来源于拉丁文"fervere"，是用来描述人们在看到果汁或麦芽汁经过酵母菌的作用出现的"沸腾"现象。一般将烟草发酵定义为：烟叶通过烘烤（或晾晒）和复烤后，在人工强化条件或自然条件下陈化一个过程；使烟叶内含物发生一系列化学或生物化学变化，减少原烟某些品质缺陷，使烟草香更加显露，吸食品质明显增强。根据发酵条件和方法的不同，烟草发酵被分为自然发酵和人工发酵。自然发酵是在库房室温条件下将烟叶贮存一段时间，在自然条件下陈化烟叶，使烟叶更符合吸食要求。人工发酵是在特定的人工强化温度和空气湿度的发酵室内，加速陈化烟叶，使其更符合吸食要求的烟叶发酵方式。雪茄烟叶发酵是指含有一定水分的烟叶，在温度和湿度适合的条件下，通过微生物、酶及小分子物质的作用，在烟叶内部引起一系列变化，进而形成符合工业需求的烟叶。雪茄烟叶晾制后必须经过一定时间的发酵，其内在香味质量才能得以充分显现和发挥，同时，烟叶经过发酵之后，外观质量、物理特性都会得到明显改善，使用价值才会有所提高。整个过程中，烟叶品质、微生物和酶以及小分子物质、环境温度和湿度都对烟叶品质的形成有重要作用。雪茄独特香吃味的形成主要来自雪茄烟叶的发酵过程。

第一节　雪茄烟发酵的理论基础

一、雪茄烟发酵机理

国外对于烟叶发酵的机理研究开始比较早，最早是对雪茄烟发酵过程中的微生物种群变化进行了研究，随后对雪茄烟发酵过程中的酶活变化进行了研究。随着科技的发展及生物技术的不断进步，关于烟叶发酵实质的研究也越来越深入，先后有3种假说，即3种作用。一是氧化作用：1858年英国科学家Koller提出雪茄烟发酵在某些方面与乙醇发酵相似；苏联科学家涅斯列尔和什列晋格在1867年提出烟叶中无机元素Fe、Mg为催化剂，与空气中的氧共同作用于烟叶，使烟叶发生氧化。二是微生物作用：19世纪80年代，小什列晋格提出了微生物作用假说，指出烟叶的发酵最初是由于微生物引起，后续才是无机催化剂起作用。1937年Reid指出在雪茄烟发酵过程中微生物起着重要作用。三是酶作用：在微生物作用假说提出同时，很多人持反对意见，其中列夫提出主要是烟叶中所含有的氧化酶、过氧化氢酶等引起烟叶的发酵。1950年，Frankenburg提出酶催化烟叶发酵的理论（Koller，1858；Reid，1937；Frankenburg，1950）。大量的研究表明，微生物的群落演替、酶的催化、无机催化剂的氧化作用与烟叶自身四者的有机结合构成了烟叶发酵的全过程。从生物学的角度来看，烟叶发酵的实质可能是多种微生物先后以烟叶为营养源，在一定的温度及湿度条件下完成自身代谢，同时促进烟叶理化性质改变的过程。总之，烟叶发酵机理可以归纳为：烟叶发酵是一个以烟叶为底物、微生物、酶以及无机元素为催化剂、发酵工艺为反应条件、发酵后烟叶为产物的生化反应过程（张鸽，2017）。

二、发酵过程中主要化学成分变化

1.糖类物质

相较烤烟而言，雪茄烟含糖量较低。发酵过程中，烟叶总糖和还原糖的含量都随着发酵的进行而进一步降低。据徐世杰（2016）研究，烟叶中总糖在发酵前12 d，其含量迅速降低，随后保持稳定。杜佳（2017）研究了有氧和厌氧发酵条件下烟叶总糖的变化规律，二者变化趋势基本一致，均呈下降变化趋势。在有氧发酵过程中，烟叶总糖含量呈持续下降趋势，其中在发酵0～16 d与40～48 d时候含量下降比较明显。而据张锐新（2020）研究，在整个发酵过程中烟叶总糖含量先增加后减少，总体呈下降趋势，其中0～12 d总糖含量随发酵天数增加而升高，12～36 d则随发酵天数增加而降低且降速随发酵时间延长逐渐减小，还原糖含量则在整个发酵过程中变化不明显。烟叶发酵过程中糖类物质的降低是因为一部分被氧化成二氧化碳和水而散失，另一部分参与了生化反应而减少。

2. 含氮化合物

烟叶中含氮化合物对感官评吸质量和吸者健康都有重要的影响，历来受到人们的注意。影响烟叶吃味的含氮化合物主要有蛋白质、烟碱、氨基酸、氨和酰胺等。这些化合物的热裂解产物一般呈碱性，且多具有辛辣焦苦味。如果烟叶含氮化合物与碳水化合物含量比例协调，可使烟气酸碱平衡协调，吃味醇和。如果含氮化合物含量过高，则烟气辛辣，味苦。如果烟叶含氮化合物含量过低，则烟气呈酸性，浓度低，吃味平淡。据王旭峰（2013）研究，在发酵过程中，烟叶总氮和烟碱的含量都随着调制的进行逐渐降低。徐世杰（2016）研究表明，雪茄茄衣烟叶生物碱含量表现为：烟碱>新烟草碱>降烟碱>假木贼碱。发酵前18 d内烟叶烟碱含量不断增加，随后缓慢降低。发酵36 d后，烟碱含量低于初始发酵时含量。降烟碱含量在发酵前24 d整体呈上升趋势，24 d后降烟碱含量降低；假木贼碱在发酵过程中变化不大；新烟草碱在发酵前18 d含量增加，随后含量降低。总生物碱在发酵前24 d呈增加趋势，随后含量逐渐降低，发酵36～42 d出现迅速降低现象。杜佳（2017）研究了有氧和厌氧发酵条件下总氮含量的变化趋势。在有氧发酵过程中总氮含量呈波动性变化，含量总体呈现下降趋势，0～16 d呈现明显下降趋势，在24 d出现发酵中期的波峰，发酵后期的32～48 d变化趋于平稳；而在厌氧发酵过程中烟叶总氮含量总体变化不大，呈持续下降趋势，特别是在发酵前8 d时下降幅度较大，在随后发酵时间内下降幅度不大，特别是在8～24 d，总氮含量基本不变。

3. 有机酸

影响烟叶吃味的有机酸主要是草酸、柠檬酸和苹果酸等挥发性酸。草酸和柠檬酸对烟叶吃味有不利影响，苹果酸则能改善烟叶吃味，特别是对生物碱含量高的烟叶有良好影响。其他挥发性酸如丙烯酸、异戊酸和β-甲基戊酸等，不仅对烟叶香气有利，而且可降低烟气碱性，使吃味变得醇和。一般来说，挥发性有机酸含量高，烟叶吃味较好。发酵过程中烟叶有机酸含量的变化呈单峰变化趋势，峰值出现在发酵18 d，随后减少。其中，非挥发性有机酸、半挥发有机酸的变化趋势与有机酸总量的变化趋势几乎一致。而高级饱和脂肪酸总量变化不大，呈现略微下降趋势。非挥发性有机酸中，以苹果酸，柠檬酸和草酸含量较多。（徐世杰，2016）

4. 香气成分

致香物质是烟草的重要化学成分，是评价烟草品质、烟叶香气质、香气量及香型的重要指标，发酵是雪茄烟香气风格形成的关键环节。因此，研究发酵过程中烟叶香气成分转化特征，对于制订雪茄烟发酵工艺、彰显烟叶风格特色具有重要意义。时向东（2006）对发酵期间雪茄外包皮烟叶主要香气成分进行了测定，定性测出31种香气物质，其中苯丙氨酸类物质4种，棕色化反应产物3种，西柏烷类物质2种，类胡萝卜素类物质11种，其他类别的有10种。烟叶发酵后香气物质总量呈上升趋势，第25天达到最高，之后逐渐下降。新植二烯的变化规律和香气物质总量变化一致。随着发酵进程，一些香气成分，如茄酮、苯乙醇、苯乙醛、大马酮、香叶基丙酮、二氢猕猴桃内酯和6-甲基-5-庚烯-2-酮等的含量在第15天达到最大值，随后逐渐下降。而新植二烯、苯甲醇、5-甲基-2-糠醛、西柏三烯二醇、金合欢基丙酮、吲哚和黑松醇等的含量则于第25天达到峰值。糠醇、巨豆三烯酮1、巨豆三烯酮2、巨豆三烯酮4等呈现下降趋势。邻苯二甲酸二辛酯、六氢金合欢基丙酮、植醇（异构体）、邻苯二甲酸二丁酯、植醇等的含量在整个发酵过程中呈"锯齿"状变化。

三、微生物演替

1937年，Reid等研究了雪茄烟叶在调制过程中的表面菌群组成及其变化，发现菌群主要由芽孢杆菌（Bacillus）、葡萄球菌（Staphylococcus）、曲霉菌（Aspergillus）、青霉菌（Penicillium）、根霉菌（Rhizopus）和毛霉菌（Mucor）组成，其中芽孢杆菌为优势种。在烟草发酵过程中，烟叶表面的微生物数量和种类不断变化，并且随发酵条件、发酵时间的不同而产生不同的变化（王彪等，2006）。19世纪80年代，小什列晋格提出微生物作用假说，近年关于微生物在烟叶发酵中作用的研究逐渐深入，包括烟叶发酵中微生物群落的表征、微生物在烟叶发酵提质增香中的作用等。张鸽等（2021）通过对海南H382雪茄烟叶发酵过程中细菌群落多样性及演替规律进行表征，初步认识到在不同发酵时期发挥作用的主体微生物不同。根据测序结果，海洋芽孢杆菌属（Oceanobacillus）、假单胞菌属（Pseudomonas）、土地芽孢杆菌属（Terribacillus）、副球菌属（Paracoccus）、芽孢杆菌属（Bacillus）、肠球菌属（Enterococcus）和鞘氨醇单胞菌属（Sphingomonas）等细菌在雪茄烟发酵关键阶段中的丰度较高，其中，芽孢杆菌属占比例较高。发酵过程中细菌群落组成多样性丰富，优势菌群主要为葡萄球菌属、海洋芽孢杆菌属、假单胞菌属等。发酵过程中首要的细菌群落演替规律为：由发酵初期的Staphylococcus、Enterococcus和Pantoea，演变为发酵中期Oceanobacillus、Paracoccus、Staphylococcus和Bacillus，随后演变为Pseudomonas和Enterobacter，最后稳定为Staphylococcus和Terribacillus。杜佳等（2016）研究了茄衣人工发酵过程中叶面微生物区系的变化。研究结果表明，在茄衣人工发酵过程中细菌为优势菌群，霉菌所占比例很小，没有检测出放线菌和酵母菌。所有细菌均为芽孢杆菌，数量由高到低依次是：巨大芽孢杆菌>枯草芽孢杆菌>蜡状芽孢杆菌>环状芽孢杆菌>蕈状芽孢杆菌>嗜热脂肪芽孢杆菌>短小芽孢杆菌>凝结芽孢杆菌。茄衣表面各菌种数量在发酵过程前24 d内呈急剧下降趋势。巨大芽孢杆菌和枯草芽孢杆菌为雪茄茄衣人工发酵中的优势菌种，分别占芽孢杆菌数量的50%以上和19%左右。Di Giacomo（2007）研究了环境条件对雪茄发酵过程中微生物群落变化的影响，结果表明，发酵是由一个复杂的微生物群落协助进行的，且微生物群落结构与组成在发酵过程中不断变化。在发酵早期，中等酸性和中温性环境支撑了以汉森脱酵母菌（Debaryomyces hansenii）为主的酵母种群的快速增长。在这一阶段，葡萄球菌科（Staphylococcaceae）和乳酸杆菌（Lactobacillales）是最早检出的细菌。当温度和pH值升高时，内生孢子形成的革兰氏阳性杆菌变得更为显著。这导致了pH值的进一步升高，并且在发酵后期促进中度耐盐和嗜碱放线菌（Actinomycetales）的生长。

第二节　发酵设施

一、发酵房选址

发酵房选址应充分考虑当地气候、交通以及社会资源等条件。良好的气候条件对于合理安排发酵时期、降低成本投入具有重要意义。发酵房建设应选择地势高、通风好，运输方便。周围无太过拥挤的遮挡物，不易形成积水的地点。同时，要有独立建厂空间，不能与有异味的空间混用。雪茄烟叶发酵整个处理过程是一条劳动密集型的产业链，烟叶加湿还原、水分平衡、堆垛、拆垛、分拣分级是发酵处理用工量最大的环节，因此，选址时还要考虑当地人力资源、用工成本等因素。

二、功能布局及建设要求

1. 杀虫房

建造要求：层高新建4.5 m（改建不少于3.0 m），常规框架建造屋，墙地面平整光滑防潮、门窗墙体密封性能好，有通风窗。

水电需求：常规用电、普通照明。

配备设施：栅格状垫仓板。

处理方案：杀虫由专业公司分3次进行杀虫处理，每次处理烟叶约370包，片剂杀虫建议小堆、多堆、封堆进行，液剂杀虫可以大堆、整屋、开放进行。

2. 烟叶储存库

建造要求：层高新建4.5 m（改建不少于3.0 m），防潮，空气流通。

水电需求：常规用电、普通照明。

配备设施：栅格状垫仓板、铲车。

处理方案：仓库间轮流存储入库原烟、杀虫后原烟和发酵后烟叶，存储时堆垛4层。

3. 烟叶回潮房

建造要求：层高新建4.5 m（改建不少于3.0 m），通风性能良好，墙体内壁防潮，地面防滑，地漏排水性能良好。

水电需求：常规用电、普通照明、净化水。

配备设施：去离子水处理系统、不锈钢水槽、喷雾设施、不锈钢网状烟叶控湿平衡框、强力电风扇。

处理方案：每天回潮处理5 t烟叶。设置长条水槽1个（5工位沾水回潮烟叶）长8.4 m×宽0.6 m×深0.8 m，每个工位1.4 m×3.8 m，喷雾点位6个（6工位喷雾回潮烟叶），喷雾点间隔1.4 m，每个工位1.4 m×3.8 m；沾水回潮和喷雾回潮对置，中间留作业通道。

4. 水分平衡室

建造要求：层高新建4.5 m（改建不少于3.0 m），墙体内壁和门窗保温保湿，房屋防潮，地面防滑，地面排水性能良好；保持房间相对湿度75%～90%。

水电需求：10 kW，380 V，主线16 mm²，分线10 mm²。

配备设施：烟叶水分平衡架、室内湿度控制设备。

处理方案：2个水分平衡室，每次处理5 t烟叶。每组烟叶水分平衡架长8.4 m×宽1.5 m×高2.9 m（4台，底台高0.8 m，其余3台每台底台高0.7 m）。

5. 发酵房

建造要求：层高新建4.5 m（改建不少于3.0 m），墙体内壁和门窗保温保湿，房屋防潮、通风性能良好。室内温度不低于25 ℃。

水电需求：7.5 kW、220 V。

配备设施：加热设备、强力电风扇、栅格式垫仓板、帆布、温度与湿度计、移动式蒸汽发生器。

处理方案：分上、中、下3个部位（3个批次）进行烟叶发酵处理，每批次大约发酵18.5 t烟叶；每个发酵房设7个发酵堆垛（用5备2），每垛发酵2～2.5 t烟叶，堆垛规格5 m×1.5 m×1.5 m。

6. 分拣分级房

建造要求：层高新建4.5 m（改建不少于3.0 m），带缓冲间门进系统，墙体内壁和门保温保湿，房屋防潮，保持相对湿度75%～90%，室内温度20～25 ℃。照明达到烟叶分级照明要求。

水电需求：10 kW，380 V，主线16 mm²，分线10 mm²。

配备设施：温度与湿度控制设备、长条桌椅、大方台面、长条压板、石块、移动式蒸汽发生器。

处理方案：每个房间12个单工位（每个工位长2.4 m×宽2.0 m），1张8人站立工作大方台（3.0 m×3.0 m），每人每天分拣30 kg烟叶，4 d分拣完1垛发酵烟叶（2～2.5 t）。

7. 控湿房

建造要求：层高新建4.5 m（改建不少于3.0 m），常规带门框架房屋，墙体内壁和门保温性能好，房屋防潮，室内温度30～50 ℃。

水电需求：7.5 kW、220 V。

配备设施：加温、除湿设备，垫仓板。

处理方案：控湿房，中间留1.5 m通道，两边独立放置16个木质栅格烟叶控湿箱（长1.2 m×宽0.7 m×高0.8 m，装烟30～40 kg），每个烟叶控湿箱间隔0.5 m、距墙体0.5 m。

8.打包装箱房

建造要求：层高新建4.5 m（改建不少于3.0 m），常规带门框架房屋。

水电需求：10 kW，380 V/50 Hz。

配备设施：压力打包机（1台）、麻片、白纸卷、缝包麻线、封箱带。

处理方案：打包装箱房，中间留2.0 m通道，一边放置打包机，一边用于装箱（封箱）。

第三节　发酵方式

雪茄烟发酵方式主要有堆积发酵法、装箱发酵法、桶装发酵法等，不同用途的烟叶，采用不同的发酵方法。

一、堆积发酵

堆积发酵是国内外广泛采用的雪茄发酵方法，也是一种最基本的方法，适用于茄芯烟叶，也适用于茄套烟叶和茄衣烟叶。它是将烟叶在一定的含水量条件下，堆码成一定体积的烟堆，依赖于烟叶湿热作用所产生的热量，促进烟叶内的生物化学变化，改进烟叶品质和加工特性的一种方法。

二、装箱发酵

国外多采用此方法对茄芯烟叶和茄套烟叶进行发酵。对外包皮烟叶而言，一般比较喜欢青灰色或棕黄色。因此，采用较低温度和较长发酵时间，即经过长时间的低水分条件下进行缓慢的发酵方法。从质量方面讲，要求只控制其颜色不转深，适当减轻刺激性，通常用装箱发酵来完成（图7-1）。

图7-1　装箱发酵

三、桶装发酵

古巴高希霸雪茄工厂利用橡木桶等对雪茄烟叶进行第三次发酵，其香味的细腻度和层次感远远高于其他品牌（图7-2）。

图7-2　橡木桶发酵

四、介质发酵

介质发酵是在烟叶中添加水以外的其他发酵介质后采用堆积或箱装等方式进行发酵。其中四川省什邡市晒烟的一种传统发酵方法，历史悠久，也是目前国内晒烟发酵比较完整和成效显著的一种方法。主要适用于茄芯烟叶，其原理和操作方法基本与堆垛发酵相同。不同的是发酵前增加烟叶水分的方法，不是喷加清水，而是喷加糊米水。

糊米发酵和一般的高水分堆积发酵相比，发酵后的叶色更偏红褐色而有光泽，吃味较为醇和，烟香气较浓而纯净，对烟叶的物理性能，包括增强保湿（持水）力，延长保质期，改良色泽，改进燃烧性和灰色等都有显著效果（图7-3）。

图7-3　糊米发酵

第四节　堆积发酵技术

一、发酵前烟叶初分级

1. 茄芯分级

建议按照烟叶部位进行分类发酵，分为上部叶、中部叶、下部叶，分别按以下三个等级进行成把分拣。

优质芯叶烟：烟叶身份厚重且有弹性，颜色深且含油，颜色均匀一致。

中等芯叶烟：中等身份，颜色比优质芯叶烟稍浅。

低等芯叶烟：烟叶薄，颜色泛青、黑色及较浅混合色。

早期按不同等级分级的优点在于，在用同等级的烟叶进行发酵时，烟叶质量更加均匀。

2. 茄衣分级

茄衣烟叶晾制结束后，要在一周内及时回潮下架，第一次发酵前可粗分为两类：以身份适中、有弹性、油润有光泽的茄衣烟叶为主，把较厚、较薄、杂色、带青、伤残的叶片分拣出来。若不进行粗分级，则较厚、较薄、青黑杂色等烟叶会影响质量好的外包皮烟叶的正常发酵。通常较薄茄衣烟叶跟正常茄衣烟叶一同发酵时叶片会变得更薄，质量会更差。

粗分烟叶等级的优点在于用质量接近的烟叶发酵时会更加均匀，发酵温度与湿度和发酵时间也易于同步控制。较薄的茄衣烟叶一般经过一次发酵即可装箱醇化，然后分级。身份较厚的茄衣烟叶以及其他杂色茄衣烟叶同茄芯一起发酵，然后再分级。

二、加湿回潮与水分平衡

雪茄烟叶在进行堆码发酵前，首先应对烟叶进行加湿回潮并进行水分平衡。加湿回潮是雪茄烟发酵过程中非常关键的一个环节，回潮效果直接影响着烟叶发酵进程、色泽均匀度、内在品质等。根据烟叶自身素质，一般茄衣烟叶控制烟叶含水量20%～25%，需特殊处理的烟叶加湿到50%。雪茄烟加湿回潮方式主要包括喷雾加湿、烟叶回潮机加湿和热蒸汽加湿。喷雾加湿是利用雾化设备对烟叶进行逐把加湿回潮，目前，该种方式应用比较广泛。烟叶回潮机加湿是将雾化水汽导入烟叶加湿室，利用雾气润化加湿烟叶。热蒸汽加湿（田煜利，2018）是将锅炉产生的蒸汽通过管道输入传动式加湿机，烟叶在传动带上，通过传动带运动，在充满热蒸汽的加湿机内加湿，在传动带另一端取走已经加湿完毕的烟叶。田煜利（2018）对三种加湿方式烟叶含水量的均匀性进行了比较，其结论是茄芯、茄衣、茄套含水量均匀性最好的均为热蒸汽加湿方式，其次为回潮机加湿方式。采用回潮机加湿和热蒸汽加湿的烟叶，发酵后的烟叶外观质量较好，烟叶颜色较一致。

三、堆垛发酵

按照烟叶级别分开发酵，尽可能每个级别单独发酵；若级别数量不足，最低要求按照芯叶烟与茄衣烟叶分开发酵。每一个堆垛都需配有身份卡，标明烟叶数量、类别及日期。发酵堆垛大小可以根据烟叶质量和部位进行调整，而且非常重要的是要有经验丰富的人在发酵前先看烟叶后作出决定。

1. 茄芯发酵

A烟垛发酵：一般烟堆高度1.5 m左右，也可稍高，宽度1.5～2 m，长度视场地情况而定，一般为4～5 m，也可稍长。每堆烟叶2 000～3 000 kg。堆垛时，烟把的把头向外，叶尖向内，由外往内逐渐堆码，后一排约1/3长覆在先一排的烟把上，码好第1层再码第2层，逐渐往高堆码，达到预定的高度为止（图7-4、图7-5）。垛顶以及四周用塑料膜、帆布或毛毡覆盖。烟垛内的温度将通过置于金属管内的伸到烟垛中心的温度计每天进行测量，记录。对于温度计的安放，建议采用在1/3和2/3高度处的中心线上，系列排布多个温度计，以便检测烟堆内部发酵是否均匀。必须在搭建烟垛时就放置管子。

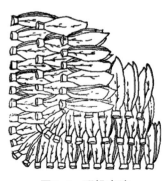 

图7-4 码垛方法　　　　　　图7-5 堆垛过程

发酵时，温度每天稳步升高2~3℃表明正常，尤其是在（A烟垛发酵）初期。如果每日升温4~5℃或更高，是因为烟叶水分含量过高，应立即进行翻垛降低水分含量。当烟垛的最高温度达到预定温度时进行翻垛。翻垛的原则是：按照上翻下，内翻外。翻垛的作用是将堆芯内部发酵产生的不良气体以及温度充分散失，发酵均匀。需要将整批烟叶取下，并在另一个平台上重新搭建烟垛。在烟垛翻垛过程中，尽可能充分抖动烟把，使烟叶间充分散开，让烟叶间进入新鲜空气，并释放掉一些水分。A烟垛的总发酵时间取决于烟叶的质地和水分含量。如A烟垛无法继续升温发酵，且烟叶质量未达到预期，可进行合垛发酵（B烟垛发酵）。

B烟垛发酵：在A烟垛发酵结束后搭建B烟垛（6 000 kg），即将两个A烟垛放在一个4 m×4 m的平台上。在B烟垛中放置3个温度计测量烟垛内的温度：1/4高度处、2/4高度处和3/4高度处。在B烟垛发酵结束后，烟垛内的温度将不会再升高很多，且很快就会稳定下来。这表明烟叶发酵已基本完成，此时应控制整个烟垛烟叶水分为19%左右，中心温度略高于室内温度3~5℃。

2. 茄衣发酵

晾制结束后的茄衣烟叶通常色泽灰暗、颜色不均匀、抽吸生青气和刺激性较大，并有燃吸质量粗糙、灰色发暗等缺点。为了克服以上不良影响，茄衣烟叶通常经过2次发酵过程和一定时间的醇化处理才能改善烟叶的颜色、色泽、弹性、香吃味和配伍性等，从而使整体质量得到显著改善，符合工业企业生产的要求。

（1）初次发酵。初次发酵保证叶片初始含水率控制在20%~25%，过低则发酵升温慢且温度低，发酵效果难以达到；过高则发酵增温快，且较高不易控制，造成茄衣烟叶发酵过度，使烟叶品质和身份损失。

发酵平台离地25 cm，长×宽为3 m×（1.7~1.8）m，上面铺杉木板，木板上盖硬纸板以形成光滑的平面。将扎好把的茄衣烟叶把头朝外，叶片朝里，由外向内一层一层码放，后面一排大约有一半覆盖在前一层的烟把上，分层叠加，逐渐往高堆码，直到达到预定高度为止。码放堆垛时，注意在烟叶垛内1/2高度处，预先放2支管子达堆垛中心位置，管内放温度计，以便于每天观测和记录。

每堆垛约2 000 kg，高度大约1.5 m。发酵垛外面用塑料膜、帆布或毛毡遮盖，以防烟堆表面烟叶过干。发酵过程中，温度应每天稳步升高2~3℃，尤其是在初期。通常，过度发酵会导致烟叶颜色变黑，质地变软，叶片变糟，味苦且杂气重。当烟叶垛的最高温度达到预定温度，即将烟垛打开翻垛。

翻垛原则与茄芯烟叶翻垛原则一致，即内翻外，上翻下。将茄衣烟叶堆垛内外转换位置，堆垛上下转换位置，使茄衣烟叶的发酵均匀一致。多留一个空余发酵台，方便翻垛转堆。在外包皮烟叶翻垛转堆过程中，轻轻抖动烟把，让烟叶间发酵所产生的热量、氨味、刺激味等不愉快气味挥发，并进入新鲜空气，利于茄衣烟叶内微生物的呼吸，并能使茄衣烟叶散失一些水分。此外，茄衣烟叶的发酵翻堆，尤其注意降低机械损伤，降低发酵过程中烟叶的物理破损。茄衣烟叶的发酵时间取决于茄衣烟叶的质量状况和茄衣烟叶内水分含量。

（2）二次发酵。将两个初次发酵的堆垛合在一起（约4 000 kg）一起放在一个4 m×4 m的发酵台上，开始茄衣烟叶的二次发酵。

在二次发酵堆垛中放置3个温度计测量烟垛内的温度。放置位置：1/4、2/4和3/4堆垛高度处，每层中心线位置处均匀布置温度计，监测烟叶发酵过程温度的均匀性。在二次发酵经过几次翻堆后，垛内温度将不会再升高很多，且很快稳定。此时表明茄衣烟叶发酵已基本完成。可打开扎把，将烟叶一张一张平摊，进行分级。一般情况下在此步骤完成茄衣、茄套的分类分级。

（3）茄衣、茄套烟叶醇化。第二次发酵结束后，将茄衣、茄套烟叶干燥失水，保持水分含量稳定在16%～18%，然后按等级包装成50 kg/纸箱，并运往存放仓库，进行后期醇化。醇化的环境要求：温度35 ℃，相对湿度90%，醇化时间3个月（或更长）。醇化过程中每隔两周，将烟把拿出来抖抖。醇化期间由于天气变化，要经常查看环境温度与湿度状况，以及茄衣、茄套烟叶外观质量和气味，以防霉变和仓储虫害。

茄衣、茄套烟叶经过两次发酵和长时间醇化后，烟叶外观颜色加深、均匀有光泽，叶片变薄，油分彰显，嗅香突出优美，内在化学成分更加协调，燃烧性提高，整体质量水平得到进一步提升，更加适应于工业加工卷制。

3. 操作注意事项

环境温度控制在25～30 ℃，相对湿度控制在70%～80%，而且具有良好的通风条件，便于及时排出不良发酵气味，补充充足的氧气。

严格把控发酵开始时烟叶中初始含水率。初始含水率高，则发酵升温快，反之则慢。

翻堆时间一定要在达到最高要求温度点之前或者正在达到最高点时候，切

不可在达到最高点之后。每次翻堆茄衣烟叶大约散失水分3%，随着翻堆次数增加，烟叶含水率逐渐降低，自身发酵生热作用也逐渐减弱，堆内温度能达到的最高值也逐渐降低，到最后堆内温度只比环境温度高出5 ℃左右时可不再翻堆。

第一次发酵时对翻堆时机的掌握上，要以堆内发酵温度为主，发酵天数为辅。当堆内温度接近或达到最高温度时，立即翻堆，不要等待天数，否则造成发酵过度，甚至霉变。翻堆时注意降低翻堆操作对烟叶的机械损伤。第二次发酵，由于烟叶内水分逐步减少，发酵温度有时候未必能达到最高值（特别是第二次翻堆以后），这时候如果温度没有达到预定值，但是发酵时间已经达到10 d，也要翻堆。

第八章

雪茄烟叶分级

烟叶是综合农艺措施作用的结果，其质量受品种类型、生态条件、栽培措施、调制方式、发酵工艺等因素的影响。一片烟叶，无论是外观质量、内在质量、化学成分，还是物理特性都存在差异。分级的目的就是对烟叶质量进行优劣等级划分，从而更好适应农业生产和工业使用，充分发挥各产区资源禀赋。人们根据烟叶在外观质量方面表现的差异程度，划分若干等级，遵循"以质论价、优质优价"原则，进行烟叶分级，满足工业企业需求。

烟叶分级是建立在烟叶质量、农业生产、工业使用以及消费者需求的基础上。从全世界范围综合来看，烟叶等级标准都有两个特点：一是由于各地烟叶素质的差异和区域分级理念的差异，没有统一的等级标准；二是由于时代不同和使用需求不同，烟叶等级标准属于阶段性产物，仅反映当时生产状况，具有发展性。

世界各产烟国烟叶分级，通常遵循"分类、分型、分组、分级"的原则。以美国为例，美国以其完备的烟草产业布局，形成了较为完善和科学的烟叶分级理念和方法，做法是：先按照烟叶调制方法、性质、用途等划分"类"；同类烟叶再按照种植生态条件、品种类型等划分"型"；同型烟叶再按照部位、颜色、大小、性质、用途等划分"组"；同组烟叶按照成熟度、叶片结构、身份、油分、残伤等因素划分"级"。其他国家多参照美国分级标准，但很少进行"分类、分型"，直接进行"分组、分级"。

对雪茄烟叶而言，国外大部分产区没有官方等级标准（美国除外），多是采购商根据各产区雪茄烟叶质量特征而定，因此，等级标准差异较大。在我国，按照烟叶栽培调制方法、质量特点、生物学特性，将烟草分为烤烟、晒烟、晾烟、香料烟、白肋烟、黄花烟、野生烟七类，没有专门对雪茄烟叶进行分类，但在香型、吃味、风格上有雪茄型烟叶之说。以上原因，造成国内一段时间没有雪茄烟叶等级标准的现状。近年来，随着国产雪茄发展，为更好推动国产雪茄烟叶开发与应用，行业推出《雪茄烟叶工商交接等级标准》（YC/T 588—2021）。

本章重点介绍国外雪茄烟叶分级方法和等级标准的特点，以及国产雪茄烟叶等级标准。

第一节　国外雪茄烟叶分级

一、国外主要雪茄烟叶产地与品种

产地和品种是雪茄烟叶分级的基础。目前，国外种植雪茄烟叶的产区主要集中在美洲的古巴、多米尼加、尼加拉瓜、厄瓜多尔、洪都拉斯、墨西哥、美国、巴西等国家和亚洲的印度尼西亚等国家以及非洲的喀麦隆。国外主要品种有哈瓦那品种（Habana系列）、克里奥罗品种（Criollo）、科罗霍品种（Corojo）、皮罗托品种（Piloto）、康涅狄格品种（Connecticut）、阔叶品种（Broad Leaf）、圣安德烈品种（San Andres）、阿拉皮拉卡品种（Arapiraca）、玛塔菲娜品种（Mata Fina）、伯苏基品种（Besuki/No）、苏门答腊品种（Sumatra）等。

二、雪茄烟叶质量因素

（一）外观质量

雪茄烟叶外在的特征特性就是外观质量，人们可以通过眼观、手摸、鼻闻等方法进行判断。主要因素有：部位、颜色、大小（或尺寸）、色度、叶面平整度、身份、脉相、叶面结构、成熟度、油分、杂色、完整度等。一般把外观质量因素分为品质因素和控制因素两类。

部位：指烟叶在烟株上的着生部位，一般分为上、中、下三部位，国外通常用Ligero、Viso、Seco描述。不同部位的烟叶质量有明显差异，因此，可以通过部位把不同质量档次的烟叶划分。

颜色：指发酵后雪茄烟叶的颜色。通常来说，发酵后雪茄烟叶主要呈褐色，由浅到深一般可以分为青褐色、黄褐色、棕褐色、红褐色、褐色、深褐色、黑褐色七种，颜色不同烟叶质量也不同。由于栽培措施和发酵程度的不同，阳植并经过剧烈发酵的茄芯烟叶颜色普遍较深，阴植的茄衣烟叶颜色选择性更多，并且对颜色的要求更高。

大小：通常指烟叶长度。传统意义上的雪茄烟全部由天然烟叶组成，茄衣、茄套、茄芯三部分卷制而成，这种制作方法对烟叶的大小有一定要求，不同规格烟支对茄衣、茄套、茄芯的大小要求不同。

色度：指发酵后雪茄烟叶表面颜色的均匀程度、饱和程度和光泽强度，是一个综合概念。茄衣作为雪茄最外层的烟叶，是雪茄完美形象的标志。雪茄对茄衣色度的要求较高，要求色泽均匀、光泽好。相较于茄衣，茄芯烟叶的色泽普遍偏暗，对色度的要求不高。

身份：指雪茄烟叶厚度、细胞密度和单位叶面积重量的综合状态，以厚度表示。茄衣烟叶对身份有严格的要求，稍薄为宜。

脉相：指雪茄烟叶支脉的粗细、曲直、起伏的状态。通常来说，一支好的雪茄要求茄衣脉相细平顺直，对茄芯脉相不做要求。

油分：指烟叶组织细胞内含有一种柔软液体或半液体物质，在烟叶外观上反应为油润、丰满、枯燥的程度。油分与烟叶的弹性、韧性、吸湿性等雪茄烟叶质量密切相关，是一个概括性强的品质因素。茄衣、茄套、茄芯均对油分要求较高。

完整度：包括破损和残伤两个概念。破损是指雪茄烟叶在生产过程中受到机械破坏。残伤是指烟叶组织受到破坏。完整度为控制因素，对雪茄烟叶使用价值影响较大。完整度在分级中的运用，是以破损或残伤面积占全叶面积的百分比来控制该等级完整度。茄衣、茄套对完整度要求较高。

（二）内在质量

雪茄烟叶的内在质量是指雪茄烟叶通过燃烧所产生的烟气的特征特性，通过感官评吸来判断。衡量雪茄烟叶内在质量的因素有：香气、味道、浓度、杂气、刺激性、余味、燃烧性、灰色等。

香气：指雪茄烟叶本身或烟气中发出的气味总称。包括香型、香气质、香气量。香型是指雪茄型风格韵调。香气质是指香气质量的好坏。香气量是指香气的多少。雪茄型风格韵调是雪茄烟的基础，判断一支雪茄内在质量第一步就是雪茄型风格韵调。

味道：指抽吸雪茄时口腔内酸、甜、苦、辣等感觉的总称。

浓度：指抽吸雪茄时感觉到的烟气的浓郁程度，是烟叶内各种化学成分之间协调、平衡程度的反应。

杂气：指雪茄烟叶燃烧时产生的不良气息总和，包含青杂气、生杂气、木质气、枯焦气等，属于不利因素。

刺激性：指抽吸雪茄时烟气对鼻腔、口腔、喉部等引起的刺、辣、呛等不愉快的感觉，属于不利因素。刺激性主要来自烟气中碱性物质成分，大部分是含氮化合物燃烧时的高温热解产物，以氨及其衍生物影响较大。此外，木质素、纤维素在燃吸时也会引起呛咳。

余味：指烟气吐出后，烟气微粒沉降在口腔中，人对这些微粒的反应。余味越纯净舒适性越好。

燃烧性：指雪茄烟叶引燃持火能力。

灰色：指雪茄烟叶燃烧后剩余烟灰的颜色。

（三）化学成分

烟叶的化学成分与烟草的类型、栽培、调制等环节都密切相关。雪茄烟叶与其他类型烟叶相比，所含化学成分的种类，绝大部分都相同，不同的主要是含量上的差异。

根据常规化学成分分析结果，与烤烟相比，雪茄烟叶总糖、还原糖含量明显低于烤烟，烟碱、总氮、蛋白质含量高于烤烟。常规化学成分如下。

总糖、还原糖：雪茄烟叶总糖含量一般低于1%，在0.36%～0.73%，平均为0.46%，其中，中国、巴西、印度尼西亚烟叶总糖含量普遍高于0.5%，多米尼加、墨西哥烟叶普遍低于0.5%；还原糖含量均低于0.5%，在0.1%～0.42%，平均为0.29%。

烟碱：雪茄烟叶烟碱含量范围较大，为0.85%～5.29%，上部叶普遍高于2%，中部叶在1%～2%，下部叶在1%左右。一般来说，茄芯烟碱含量高于茄衣。

总氮：雪茄烟叶总氮含量在2.88%～4.77%，平均为3.73%。

蛋白质：雪茄烟叶蛋白质含量较高，范围为16.61%～26.49%。平均20.89%。

氯、钾：雪茄烟叶氯含量在0.27%～2.18%，集中在1%左右，进口茄衣氯含量普遍低于1%。钾含量在2.72%～6.00%，钾氯比在1.52～17.62，钾氯比平均为6。

三、雪茄烟叶质量要求

雪茄烟叶质量是反应和体现雪茄烟叶必要性状均衡情况的综合性概念，和使用价值密切相关。通常人们根据用途不同，对茄衣、茄套、茄芯烟叶质量要求不同。

（一）茄衣烟叶

茄衣是雪茄最外层的烟叶，是雪茄完美形象的标志。一支好的手工雪茄要求茄衣色泽均匀，叶面细腻，柔软顺滑而且带有弹性，平整光洁而且富有油性。

外在质量要求：茄衣烟叶有青褐色、黄褐色、棕褐色、红褐色、褐色、深褐色、黑褐色等多种颜色，色泽要求较为严格，以颜色均匀一致，光泽鲜明油润为好。脉色与烟叶组织一致，并对病斑及气候斑点有严格的限制。茄衣烟叶要求身份较薄、叶面细腻，支脉尽量细平顺直，叶片大小适中，叶形较宽，完整度好。茄衣烟叶一般要求有较好的韧性（弹性和拉力）指标要求。

内在质量要求：对茄衣烟叶来讲，外在质量比内在质量更为重要，一般来讲，香吃味偏淡，但应有较为典型的雪茄型香气和吃味。茄衣烟叶对燃烧性和灰色要求较为严格，要求阴燃持火力好，走火均匀、速度适中，燃吸时火口附近的炭化圈窄，燃烧较充分，烟灰白而紧卷。

（二）茄套烟叶

茄套的作用是包裹着茄芯使其成型，固定雪茄的形状及尺寸。

外在质量要求：茄套烟叶要求叶片较大，叶形较宽，叶片厚薄适中，但较茄衣略厚，完整度好。叶面平整细腻，有较好的弹性和韧性。对颜色均匀度、深浅和光泽无特殊要求。

内在质量要求：由于茄套对产品的内在质量影响较大，因此应具有较为典型的雪茄风格韵调和较好的香气、吃味。茄套烟叶要求阴燃持火力强，燃烧均匀、速度适中，燃烧较为充分，烟灰颜色白而紧卷。雪茄烟灰的颜色和紧卷度，很大程度上取决于茄套的燃烧性。

（三）茄芯烟叶

茄芯是雪茄烟香气和吃味的主要来源，一般由多种不同的芯叶配比而成，决定这一支雪茄的香气的韵调和丰富程度，以及吃味强度和舒适度。

外在质量要求：由于雪茄烟在工业加工制造前，烟叶要经过剧烈发酵阶段，因而在外观特征上普遍颜色较深，光泽较差。

内在质量要求：茄芯对产品的内在质量起决定性的作用。首先要求具有典型的雪茄风格韵调和较好的香气、吃味，并具有一定的吃味强度。不同部位的茄芯烟叶有不同的香气浓度和吃味强度。同时要求它的燃烧性好，特别是阴燃持火力要强，不易熄火。

四、国外雪茄烟叶分级简介

在国外，各雪茄烟叶生产国都有自己的一套雪茄烟叶分级方法和等级标准体系，这些分级方法和等级体系通常是当地的习惯用法和叫法。此外，国外所使用的雪茄烟叶等级标准因烟叶类型和品种的不同而采用不同的等级代号和质量要求。

由于国外雪茄烟叶等级标准较多，在介绍国外雪茄烟叶等级标准和外观特征时，按照产地、品种为优先原则进行，主要介绍的产地有：多米尼加、巴西、印度尼西亚。

（一）多米尼加雪茄烟叶等级标准

多米尼加作为中南美洲地区雪茄烟叶集散地，如尼加拉瓜、洪都拉斯、厄瓜多尔等周边国家的雪茄烟叶通常在多米尼加交易，这里所说的多米尼加雪茄烟叶包含周边国家的雪茄烟叶。多米尼加雪茄烟叶分级包含品种、等级、类型、形态和年份等要素。多米尼加分级理念是明确分级要素和技术要求，按照分级要素进行组合确定等级代号，通过等级代号的组合反应雪茄烟叶质量。

1. 茄衣、茄套分级

（1）茄衣、茄套挑选。茄衣、茄套堆积发酵加湿后挑选，按照完整度、部位、颜色、质量档次、叶片大小的顺序进行挑选。完整度可分为整叶、破损叶、茄芯三类；部位分为上、中、下三个部位或者五个部位；颜色一般分为浅褐色、褐色、深褐色三种；烟叶质量分为1、2、3、4共四个档次；叶片大小用长度表示，以英寸（1英寸为2.54cm）计。

（2）茄衣、茄套分级。不同品种分级要素略有不同。

①康涅狄格（Connecticut）品种。以质量、颜色、长度作为分级要素。

质量：1，2，3，4。

颜色：LW黄色，BW棕色，LB浅棕色，LG浅绿色，GW绿色。

长度：13～14英寸（33～36 cm），14～15英寸（36～38 cm），15～16英寸（38～41 cm），17～18英寸（43～46 cm），19英寸+（48 cm以上）。

例如4BW19"、4BW17"，代表质量档次同为4档，棕色，大小分别为19英寸和17英寸的茄衣烟叶。

②哈瓦那（Habana）品种。以部位、颜色、长度作为分级要素。

部位：Ligero上部，Viso中部，Seco下部。

颜色：Claro浅棕色，Castano棕色，Oscuro深棕色。

长度：13～14英寸（33～36 cm）=Pequeno；15～16英寸（38～41 cm）=Medio；17～19英寸（43～48 cm）=Alto，19英寸以上（48 cm以上）=AltoS。

例如Seco Castano 17～19英寸，即下部棕色17～19英寸；Castano Alto 17～19英寸为棕色17～19英寸。

③阔叶（Broad Leaf）品种。以部位和长度作为分级要素。

部位：Ligero上部，Viso中部，Seco下部。

长度：只有两个尺寸，19～21英寸（48～54 cm）=Medio；22～23英寸（56～59 cm）=Alto。

例如Ligero Alto，即上部17～19英寸。

2. 茄芯分级

茄芯分级的大致流程和茄衣、茄套差不多，发酵后加湿再挑选，挑选按下列次序进行。

部位：Ligero上部，Viso中部，Seco下部，Volado脚叶。

长度：品种不同，略有区别；而且标注的数字越大，代表尺寸越小。

（1）Piloto Cubano。15=15英寸（38 cm）；16=14英寸（36 cm）；17=13英寸（33 cm）。

（2）Jamastran。15=17英寸（43 cm）；16=15英寸（38 cm）；17=13英寸（33 cm）。

（3）Esteli。15=17英寸（43 cm）；16=15英寸（38 cm）；17=13英寸（33 cm）。

（4）Pennsylvania。15=20英寸（51 cm）；16=17英寸（43 cm）；17=15英

寸（38 cm）。

质量：以A、B、C、D划分。

例如Seco 15～16A，即下部，质量A档，长度36～38 cm。

与茄衣相比，茄芯颜色可以不一致，可有斑点，可有破损，叶身伸展性较好，长度偏短。

（二）巴西雪茄烟叶等级标准

巴西雪茄烟叶分级理念与多米尼加类似，分级标准包含类型、等级、形态、年份等信息，不同品种等级代号略有差异。

1. 茄衣、茄套分级

巴西茄衣、茄套按照部位、质量档次、完整度、颜色、长度等顺序进行分级，不同品种分级要素略有差异。

（1）Mata fina品种。茄衣以部位、质量档次、完整度、颜色、长度作为分级要素。

部位：以采摘次数表示，该品种第2次、第3次采摘烟叶多作为茄衣，各次采摘的烟叶均可作为茄套。如"2/3"指第2次采摘或第3次采摘的烟叶。

质量档次：分为ESP（一等烟）和B（二等烟）。

颜色分为三种：Escuro（深棕色）、Castano（棕色）、Claro（浅棕色）。

完整度：完整叶（不用代号表示）、破损叶（FA）。

长度：完整叶茄衣标注长度，破损叶没有长度要求。完整叶茄衣长度由长到短表示为PFS-S＝47 cm以上；PFS＝42.5～46.5 cm；PF＝38～42 cm；PP＝33.5～37.5 cm；P＝30～33 cm；1A＝28～29.5 cm。

例如ESP/Escuro/PFS-S代表长度大于47 cm的深棕色一等茄衣；ESP/FA/Castano代表棕色、一等破损茄衣。

茄套仅标识类型（Binder）和长度，对颜色不做要求。茄套长度分别为：Long＝47 cm以上；Medium＝38～46.5 cm；Short＝26～37.5 cm。

（2）Arapiraca品种。Arapiraca品种茄衣分级质量档次不做要求外，其他要素类似于Mata fina品种。

部位：茄衣、茄套均为第2次、第3次采摘烟叶。

颜色：Escuro（深棕色）、Claro（浅棕色）、B-Type代表全部棕色。

完整度：破损烟叶用FA表示。

长度：完整茄衣长度代号同Mata fina品种，破损茄衣长度分长、中短，代号分别为FA-Long＝47 cm以上；FA-Medium＝38～46.5 cm；FA-Short＝26～37.5 cm。

例如PFS-S/Escuro代表长度大于47 cm的深棕色茄衣。

茄套等级标识同Mata fina品种。

（3）Cubra品种。Cubra品种茄衣、茄套以部位、质量档次、完整度、颜色、长度作为分级要素。

部位：SECO（第1次、第2次采摘）、VISO（第2次、第3次采摘）、LIGERO（第3次、第4次采摘）。

质量档次：Tipo1（一等烟）、Tipo2（二等烟）。

颜色：Escuro（深棕色）、Castano（棕色）、Claro（浅棕色）。

长度：Long（37.5 cm以上）、Medium（20～37.5 cm）。

完整度：仅以Meja表示单边破损。

例如Tipo2 SECO Castano代表下部棕色二等茄衣。

2. 茄芯分级

巴西茄芯烟叶按形态分为蛙腿和散叶，颜色棕至深棕，部位和颜色等级中不体现，各品种茄芯等级仅用形态、长度或质量档次表示。

（1）Mata fina品种。

Frogstrips YA 14＝40～45 cm以上蛙腿茄芯；

Frogstrips YA 15＝34～39.5 cm蛙腿茄芯；

Frogstrips YA 16＝29～33.5 cm蛙腿茄芯；

Frogstrips YA 17＝26～38.5 cm蛙腿茄芯；

FL-1＝一级散叶茄芯；

FL-2＝二级散叶茄芯；

FL-3＝三级散叶茄芯。

（2）Cubra品种。同Mata fina品种蛙腿茄芯。

（三）印度尼西亚雪茄烟叶等级标准

印度尼西亚雪茄烟叶等级标准比较复杂，茄衣、茄套、茄芯均有标准，大多是当地雪茄烟叶公司内部标准，不同品种、不同公司之间等级标准差异较大。

1. Besuki品种

Besuki品种以烟叶类型、质量档次、长度、颜色、完整度和附加因子作为分级要素。通过等级代号组合表示烟叶等级和质量。

（1）茄衣、茄套分级。

①CdF公司。茄衣质量档次：AAA（第1档质量优）、AA（第2档质量良）、A（第3档质量一般）。

茄套质量档次：AA（质量优）、A（质量良）、AB（质量一般）

长度：I+（37.5 cm以上）、I（31～37.5 cm）、Ⅱ（27～30.5 cm）。

颜色：K（呈黄色）、M（深红棕色）、MM（浅红棕色）、B（深绿棕色）、BB（浅绿棕色）。

完整度：破损烟叶用Y表示。

附加因子：A表示有瑕疵，M表示主脉周围出油。

例如AAA/I+—M代表质量优，长度37.5 cm以上、无瑕疵、深红棕色茄衣；AB/Y/A/M—B代表质量一般，有瑕疵、主脉周围出油、深绿棕色茄套。

②满力公司。

茄衣质量档次由高至低为：HH1、HH2等。

茄套质量档次由高至低为：AH、BH等。

颜色、附加因子同CdF公司。

例如HH1—MM1代表红棕色质量优质茄衣；AH—M—M1代表深红棕色、主脉出油的质量优质茄套。

③环球公司。

茄衣质量档次由高至低为：GSⅠ、GSⅡ。

茄套质量档次由高至低为：GDⅠ、GDⅡ。

颜色、附加因子同CdF公司。

例如GSⅡ/A—MM1代表红棕色、稍有瑕疵、质量良好茄衣；GDⅠ/M—M1代表深红棕色、主脉出油的质量优质茄套。

（2）茄芯分级。Besuki品种茄芯烟叶等级标准较为简单，只分质量档次，不分颜色，等级代号中标注形态。

质量档次：AA（质量最好）、A（质量好）、BB（质量一般至好）、B

（质量一般）、C（质量低）。

形态：FS（蛙腿）、LL（散叶）、HS（手撕叶）、SL（平摊叶）等。

2. Cubindo品种

Cubindo品种茄衣按照质量档次、完整度、部位、颜色、长度进行挑选。

质量档次：Wrapper Ⅰ（一级茄衣）、Wrapper Ⅱ（二级茄衣）、Wrapper Ⅲ（三级茄衣）、Binder A（茄套）、Frogstrips（蛙腿茄芯）。

完整度：用Y表示单边破损烟叶。

部位：Ligero（上部叶）、Viso（中部叶）、Seco（下部叶）。

颜色：Escuro（深棕色）、Claro（浅棕色）。

长度：Long（37 cm以上）、Medium（30~36 cm）。

通过等级代号的组合反映雪茄烟叶质量。例如Wrapper I Seco Claro Long代表下部、浅棕色、长度为37 cm以上的一级茄衣。

五、进口雪茄烟叶采购情况介绍

不同于进口烤烟、白肋烟等的订单式采购，进口雪茄烟叶是根据各供应商可供原料，结合行业雪茄企业需求进行采购。

（一）采购流程

每年度销售季节前，中烟国际集团有限公司通知各供应商制作样品并邮寄至北方烟叶样品中心；样品到齐后，中国烟叶公司组织雪茄企业按样订货，形成初步采购意向。

销售季节到来时，中烟国际集团有限公司适时组织，中国烟叶公司、雪茄企业及中国海关总署（霜霉病疫区如多米尼加、巴西等国家需中国海关总署派员实地预检以检验烟叶是否携带霜霉病等有关病害）相关代表同赴境外产区执行采购谈判及验货任务。中烟国际集团有限公司（含境外烟叶实体）为主导，中国烟叶公司、雪茄企业代表共同参与，根据企业需求、烟叶质量情况等进行采购谈判。中国海关总署专家实地鉴定认为不符合双方签署烟草议定书要求的烟草批次，不予采购。

双方谈判达成一致后，中烟国际集团有限公司及时向国内报送谈判情况并同供应商草签销售确认书。报送计划司审批确认后，方可与外方签订正式进口合同并向质检总局申办进口手续。

中国烟叶公司依据销售确认书中确定的等级、数量和现场大货情况，组织雪茄企业人员制定成交签封样品。成交签封样品作为验货以及雪茄企业到库检验质量依据。

验货分霜霉病预检和品质检验两阶段。霜霉病疫区的烟叶应由海关总署专家先进行预检，确认无霜霉病等有关病害后方可进入下一步品质检验。预检合格烟叶由团组相关雪茄企业人员根据签封样品验收大货质量。如非烟草霜霉病疫区，验货可省去预检步骤。

验货合格烟叶由供应商组织发运至国内。

（二）质量因素

成交签封样品以及验货时要对等级外在质量、感官质量和化学成分进行质量描述，相关术语质量档次描述的界定详见表9-1。

表9-1　相关术语质量档次描述的界定

项目	档次	项目	档次
部位	上部、中部、下部	香型	雪茄型、亚雪茄型、近烤烟型、近白肋型
成熟度	过熟、成熟、尚熟、欠熟、假熟、未熟	特征程度	典型、较典型、有、稍有、无
颜色	青褐、黄褐、褐色、红褐、黑褐	香气质	好、较好、中等、稍差、差
身份	薄、稍薄、中等、稍厚、厚	香气量	充足、较充足、有、较少、少
均匀度	均匀、较均匀、尚均匀、不均匀	烟气浓度	浓、较浓、中等、稍淡、淡
光泽	浓、强、中、弱、淡	刺激性	大、较大、中、较小、小
油分	多、较多、有、稍有、少	杂气	重、较重、有、稍有、少
平整度	平整、较平整、尚平整、稍皱、皱缩	余味	舒适、较舒适、尚舒适、欠舒适、不舒适
组织结构	松、疏松、尚疏松、稍密、密	燃烧性	好、较好、中等、稍差、差

（续表）

项目	档次	项目	档次
叶面结构	细致、较细致、尚细致、稍粗、粗糙	灰度	好、较好、中等、稍差、差
脉相	细、较细、中等、稍粗、粗	形态	平摊把、自然把、散叶、蛙腿烟、片烟

验货时除品质检验外，还要重点关注雪茄烟叶霉变、异味或污染情况，非烟物质、包装质量以及水分含量等。

第二节　国内雪茄烟叶工商交接等级标准

雪茄作为一种独特的烟草制品，燃吸时因香气馥郁、吃味好、余味舒适、劲头足和焦油量低，深受广大消费者青睐。随着国产雪茄烟市场销量快速增长，对雪茄烟叶原料的需求持续增大，优质雪茄烟叶原料稳定供给成了高端雪茄烟稳定生产的关键。国家烟草专卖局高度重视雪茄产业的发展，制定行业《国产雪茄发展规划》，实施《国产雪茄烟叶开发与应用》重大专项，高标准推进国产雪茄烟叶开发工作。近几年，云南、海南、四川、湖北、山东等地雪茄烟叶种植规模不断扩大。

由于国产雪茄烟叶原料的生产及应用整体起步较晚，在此之前，国内尚未形成一套统一的雪茄烟叶等级标准。随着国产雪茄烟叶开发重大专项的推进，国家烟草专卖局依据国外雪茄烟叶分级特点，结合国产雪茄烟叶开发现状，2020—2021年多次论证并制定了行业标准《雪茄烟叶工商交接等级标准》（YC/T 588—2021）。行标于2022年3月1日起实施。

一、作用及组成

国产雪茄烟叶工商交接等级标准是国产雪茄烟叶发展的重要组成部分，为工商交接提供了全国统一的等级标准，结束多年来雪茄烟叶工商交接等级无参考、不统一的局面，为国产雪茄烟叶规模化开发，均质化生产提供重要保障。

（一）行标作用

1.满足工业需求

雪茄烟叶作为雪茄烟的主要原料，需经过科学配比和加工处理，才能生产出满足消费者需求的雪茄烟产品。行标将不同类型、不同质量国产雪茄烟叶区分，工业企业才能针对各等级烟叶质量特点进行产品设计，并保持产品质量稳定。

2.促进农业生产

有了科学的等级标准，才可依据以质论价原则，制定合理的价格政策，利用价值规律的杠杆，调动烟农生产雪茄烟叶的积极性。与此同时，行标也为雪茄烟叶生产者指明了方向，有利于促进烟叶生产。

3.与进口雪茄烟叶等级接轨

行标充分借鉴国外雪茄烟叶分级特点，与国际市场接轨，有利于国产雪茄烟叶与进口雪茄烟叶搭配使用，促进国产烟叶使用。

（二）行标组成

《雪茄烟叶工商交接等级标准》（YC/T 588—2021）由名词术语、等级要素、质量等级、编码规则、文字标准、包装要求等内容组成，规定了茄衣、茄套、茄芯等级要素、质量等级技术要求和等级编码规则。

名词术语。行标中规定了国产雪茄烟叶等级标准中涉及的概念和术语。

等级要素。等级要素是国产雪茄烟叶等级标准的前提，属于行标中重要组成部分。

质量等级。质量等级是各类型雪茄烟叶等级划分的重要依据。

编码规则。编码规则规定了各类型烟叶等级代号组成的原则与内容，是国产雪茄烟叶等级的重要表现。

文字标准。文字标准是行标对各等级代码所做的文字描述。如某茄衣烟叶质量等级2级、颜色浅褐色、长度56 cm，则该茄衣烟叶的等级要素代码为Wr—2—C—L。

包装要求。包装要求规定了国产雪茄烟叶工商交接时不同类型烟叶包装的形式、要求、净重、尺寸、标识、烟叶水分等信息。

二、等级要素

烟叶的等级要素有很多，如成熟度、油分、油性、油润、弹性、韧性、身份、部位、组织、叶片结构、光泽、颜色、色度、香味、损伤度、杂色、斑点、长度、叶片大小、烟筋大小、完整度、平滑度、疏松度、支脉、均匀度、纯洁度等。这些要素大部分都有交互作用，有些要素比较抽象，难以掌握；有些要素作用较小，受其他因素影响表现出差异较大，并不能真正反映烟叶好坏。因此，等级要素的选择应充分结合实际。

对于雪茄烟叶来说，等级要素的选择要结合我国雪茄工业企业的需求和农业生产实际。一是根据烟叶用途，划分烟叶类型，即茄衣、茄套、茄芯；二是根据烟叶类型特点，选择真正反映该类型烟叶质量的要素；三是根据工业使用习惯，力求与进口雪茄烟叶等级要素保持一致。

国产雪茄烟叶等级要素包括类型、质量等级、颜色、部位、形态、长度，具体等级要素、代码及表征见表8-2。

表8-2 等级要素、代码及表征

等级要素	代码及表征
类型	Wr（茄衣）；Bi（茄套）；Fi（茄芯）。
质量等级	1（优）；2（良）；3（一般）；4（差）。
颜色	A（青褐色）；B（黄褐色）；C（浅褐色）；D（中褐色）；E（红褐色）；F（深褐色）；G（黑褐色）。
部位	B（上部叶）；C（中部叶）；X（下部叶）；M（混部位）。
形态	Bt（把烟）；Fs（蛙腿）；Ll（散叶）；S（碎片）。
长度	L（长度≥50 cm）；M（35 cm<长度<50 cm）；S（长度≤35 cm）。

注：上部叶一般指烟株上部（3～5片）烟叶，中部叶一般指烟株中部（6～8片）烟叶，下部叶一般指烟株下部（3～4片）烟叶，混部位指不同部位茄芯烟叶碎片相混。

　　茄衣长度分为长（L）、中等（M）；茄套长度分为长（L）、中等（M）；茄芯长度分为长（L）、中等（M）、短（S）。

等级要素的代码采用阿拉伯数字和英文表示。通常遵循两个原则：一是数字或字母按顺序排列，表征某个等级要素的顺序情况，如颜色采用英文字母A、B、C、D、E、F、G分别表示烟叶颜色由浅至深；二是采用英文单词缩写表征某个等级要素的类别情况，如类型采用Wr、Bi、Fi分别表示茄衣（Wrapper）、茄套（Binder）、茄芯（Filler）。

三、质量等级

行标规定质量等级分为4档，即1（优）、2（良）、3（一般）、4（差），不同类型烟叶质量等级划分和技术要求不同，茄衣分为3档，茄套、茄芯分为4档。质量等级的指标主要有：成熟度、油分、身份、均匀性、完整度等。

成熟度。烟叶的成熟程度，分为3档：成熟、较熟、尚熟。成熟度是烟叶品质的中心因素，是雪茄烟叶质量等级的重要指标，与烟叶的其他外观特征密切相关，在一定程度上可视为烟叶质量的代名词。行标规定：成熟指叶片颜色均匀一致，无杂色或青斑，触感柔而不腻、韧而不脆，有舒张感、黏手感；较熟指叶片颜色较均匀，无杂色或青斑，触感柔韧度较好，稍有舒张感、黏手感；尚熟指叶片颜色尚均匀，基本无杂色或青斑，触感有一定的柔韧度，略有舒张感、黏手感。茄衣、茄套、茄芯均对成熟度有一定要求。

均匀性。指发酵后烟叶颜色的协调一致性。

完整度。指叶片完整的程度，分为3档：完整、较完整、单边可用。行标规定：完整指整片烟叶无破损；较完整指在叶片边缘有少量破损，不影响工业使用；单边可用指以主脉为界线，其中一边无破损或有少量破损，不影响工业使用。

（一）茄衣

茄衣作为雪茄最外层的烟叶，代表整支雪茄的美观形象，通常来说外观质量要求大于内在质量。茄衣外观要求色泽均匀、鲜明油亮、叶面平整细腻、完整度好，因此，茄衣质量等级指标包括：成熟度、油分、身份、均匀性、完整度。

茄衣质量等级判定的技术要求（表8-3）是：成熟度、油分、身份、均匀性、完整度均达到某一质量等级要求时，质量等级定为该等级，否则按最低单项质量等级定级。

表8-3　茄衣质量等级技术要求

质量等级	成熟度	油分	身份	均匀性	完整度
1	成熟	足	薄	均匀	完整
2	较熟至成熟	较足至足	中等	较均匀	较完整
3	尚熟	尚足	稍厚	尚均匀	单边可用

（二）茄套

茄套的作用是包裹着茄芯使其成型，固定雪茄的形状及尺寸。相较于茄衣，茄套对颜色、身份无特殊要求，要求叶面平整细腻，有较好的弹性和韧性，因此茄套质量等级指标包括：成熟度、油分、完整度。

茄套质量等级判定的技术要求（表8-4）是：成熟度、油分、完整度均达到某一质量等级要求时，质量等级定为该等级，否则按最低单项质量等级定级。

表8-4　茄套质量等级技术要求

质量等级	成熟度	油分	完整度
1	成熟	足	完整
2	较熟至成熟	较足至足	较完整
3	尚熟	尚足	单边可用
4	未达到3级质量要求		

（三）茄芯

茄芯是雪茄香气和吃味的主要来源，对雪茄的内在质量起决定性的作用。茄芯质量等级指标包括：成熟度、油分、均匀性。其技术要求（表8-5）是这些指标均达到某一质量等级要求时，质量等级定为该等级，否则按最低单项质量等级定级。

表8-5　茄芯质量等级技术要求

质量等级	成熟度	油分	均匀性
1	成熟	足	均匀

（续表）

质量等级	成熟度	油分	均匀性
2	较熟至成熟	较足至足	较均匀
3	尚熟	尚足	尚均匀
4	未达到3级质量要求		

四、等级编码规则

行标的等级编码规则主要参照进口雪茄烟叶分级特点，在明确等级要素和质量等级技术要求的前提下，进行代码组合，来表示烟叶等级信息。不同类型烟叶根据其在烟支中的用途、作用等特点，对等级要素的侧重不同。

（一）茄衣

茄衣等级要素代码为四个部分，第一部分为烟叶类型代码，第二部分为质量等级代码，第三部分为颜色代码，第四部分为长度代码，表示形式如下。

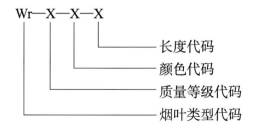

例如某茄衣烟叶质量等级2级、颜色浅褐色、长度56 cm，则该茄衣烟叶的等级要素代码为Wr—2—C—L。

（二）茄套

茄套等级要素代码为三个部分，第一部分为烟叶类型代码，第二部分为质量等级代码，第三部分为长度代码，表示形式如下。

例如某茄套烟叶质量等级3级、长度45 cm，则该茄套烟叶的等级要素代码为Bi—3—M。

（三）茄芯

（1）茄芯等级要素代码为五个部分，第一部分为烟叶类型代码，第二部分为部位代码，第三部分为质量等级代码，第四部分为形态代码，第五部分为长度代码，表示形式如下。

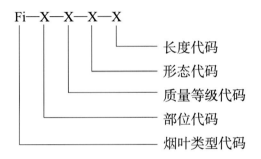

例如某茄芯为中部叶、烟叶质量等级1级、形态为蛙腿、长度33 cm，则该茄芯烟叶的等级要素代码为Fi—C—1—Fs—S。

（2）以Ll表示散叶，分为顶部叶为主、脚叶为主两个等级，编码代码依次为Ll1、Ll2。

例如某散叶以顶部叶为主，则该散叶的等级要素代码为Ll1。

（3）以S表示碎片，包括单一部位碎片、混部位碎片。碎片等级要素代码可解析为两个部分，第一部分为碎片代码，第二部分为部位代码。

例如某碎片为中部叶碎片，则该碎片的等级要素代码为S—C。

五、包装要求

茄衣、茄套、茄芯烟叶宜按照表8-6要求包装。

表8-6　茄衣、茄套、茄芯烟叶包装要求

类型		包装要求	每包净重（kg）	尺寸（长×宽×高，cm）
茄衣烟叶		纸箱包装，要求包装带不少于四根，包装牢固，在纸箱两个宽面打孔（单面三排对称，共9孔，孔直径1 cm）	25 ± 0.5	90 × 55 × 40
茄套烟叶		麻袋包装牢固	50 ± 0.5	80 × 60 × 40
茄芯	把烟	麻袋包装牢固	50 ± 0.5	80 × 60 × 40
	蛙腿	麻袋包装牢固	50 ± 0.5	80 × 60 × 40
	散叶	麻袋包装牢固	100 ± 0.5	120 × 80 × 80
	碎片	麻袋包装牢固	100 ± 0.5	120 × 80 × 80

烟包（箱）上应标识烟叶年份、产地、品种、等级等信息。

茄衣、茄套、茄芯交接水分标准宜为（17.0 ± 1.0）%。

烟叶无异味、霉变等现象。

第九章

雪茄烟卷制工艺

第一节　烟叶预处理

雪茄烟叶通过晾制和农业发酵分级后，经储存、调拨进入工业应用环节，在使用前需要经过严格的预处理，保证一定的温度和湿度，保证水分平衡，进一步提升工业可用性，提高和改善烟叶品质等。雪茄原料的预处理主要包括回潮、发酵、去梗、整选等环节。

一、烟叶回潮

任务：增加烟叶含水率和温度，使叶片松软、柔韧，提高烟叶的耐加工性，减少造碎，减轻杂气，改善感官质量。

方法：喷雾回潮、浸把回潮、气调回潮等（图9-1）。回潮方法和水温需按产品工艺要求执行，回潮用水一般为纯净水。

图9-1　气调回潮

二、烟叶发酵

任务：根据工艺要求，保证合适的烟叶水分、空气相对湿度、空气温度和一定的通风，促使雪茄烟叶组织中酶类的活性复苏。由于一系列酶促反应和一些纯化学反应，主要是物质的降解和氧化—还原过程，烟叶的有机组分发生复杂变化，致香成分增加，挥发性不良气息逸散，熟甜、酵香、醇厚感增加，青杂气、刺激性降低。使烟叶的吸食品质和加工性能得到改善。

方法：采用堆积发酵、箱装发酵等方式。

三、去梗整选

此工序适用于茄衣、茄套及叶束式雪茄茄芯。

任务：将烟叶主脉去除，按整选要求进行分类整选，理顺、平整，同时剔除非烟草杂物及霉变、异味、虫蛀、病斑的烟叶，便于后续工序使用并提高烟叶利用率。

方法：一是在适宜的烟叶水分条件下，由人工或去梗机将烟叶主脉去除，并选出非烟草杂物及霉变、异味、虫蛀、病斑的烟叶。二是对去梗烟叶进行分类整理，使脉向、正反一致，按身份、颜色、大小等质量指标分类，以适用不同卷制规格的雪茄烟支，便于卷制使用。

主要采用全去梗、蛙腿去梗等方法。其中，茄衣、茄套采用全去梗方法，茄芯一般采用蛙腿去梗，部分去梗，制成蛙腿形状（图9-2）。

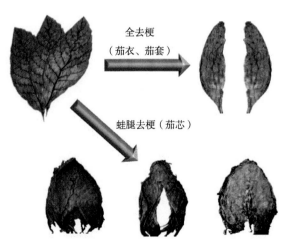

图9-2　烟叶去梗整选

四、烟片制作

此工序适用于叶片式雪茄茄芯。

任务：去梗除脉，加工成符合规格要求的烟片。

方法：一般用打叶机打叶（图9-3）。

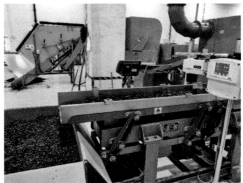

图9-3　打叶

五、贮存备用

任务：调节上下游工序生产能力。

方法：茄衣、茄套低温保湿贮存，茄芯密封贮存。茄芯密封贮存前，严格控制烟叶含水率，水分过小，会引起造碎、不利于后续使用，水分过大会有腐烂、霉变风险。

第二节　烟支卷制

在雪茄原料处理完毕后，经一段时间的贮存进入雪茄烟支的制作过程，也就是雪茄的卷制。

一、常用工具

卷胚器、卷制面板、烟刀、切割台、定型器、环规尺、电子秤、黏结胶是卷制各种规格雪茄的常用工具。

1.卷胚器

卷胚器是卷制雪茄内胚的常用辅助工具，可以保证烟支型式，提高卷制效率（图9-4）。

图9-4　卷胚器

2.卷制面板

卷制面板主要作用是便于铺叶、裁切各类烟叶和用手滚动按压卷制烟胚。常用不带香味的较为坚硬的硬木制成（图9-5）。

3.烟刀

烟刀用于根据雪茄规格要求裁切茄衣、茄套烟叶，使其满足卷制需求（图9-6）。

图9-5　卷制面板　　　　　　　　**图9-6　烟刀**

4.切割台

切割台主要作用是根据雪茄制品长度要求快速切割烟胚或烟支端面，并保证不压实切端烟胚而影响烟支的通气性（图9-7）。

5. 环规尺

环规尺主要用于测量雪茄烟胚和雪茄烟支的尺寸（图9-8）。

图9-7　切割台　　　　　　　　　　图9-8　环规尺

6. 定型器

定型器是根据雪茄制品规格长度、烟身形状及大小、圆顶或锥顶的需要制作使雪茄烟胚在一定时间内保持固定形状的专用器具，使雪茄制品形成规格上的一致性。一般用木质、无毒性塑材或金属等制成（图9-9）。

7. 电子秤

电子秤用于定量称量以及检验各类雪茄烟叶和烟支的重量（图9-10）。

图9-9　定型器　　　　　　　　　　图9-10　电子秤

8. 黏结胶

黏结胶主要用于黏结茄套、茄衣、茄帽边缘，使雪茄具有完美平滑的外表，燃烧时不因受热而使茄衣脱落。

以上介绍的是雪茄烟工厂配备的常见工具，卷制前对工具进行清理，保持工具干净，并按照摆放要求进行摆放（图9-11）。

雪茄大师之所以为"大师"，就在于他们灵巧而充满魔力的双手，能够制作出形状完美、通透性良好、燃吸品质完美的雪茄。

图9-11　工具清理

二、烟叶摆放

雪茄烟叶的正确摆放是提高雪茄卷制质量和作业效率的有效方法之一，特别是对于抓裹法的卷制技术。

烟叶摆放要求如下。

一是所有待卷制烟叶放置于桌面卷制面板正前方，依序摆放。

二是从左至右依次摆放茄芯、茄套、茄衣，茄衣使用干净湿布包裹进行水分保持（图9-12）。

三是茄芯从左至右依次摆放内层（浓度型烟叶）、中层（香味型烟叶）、外层（填充型烟叶）。

内层茄芯　　　中层茄芯　　　外层茄芯　　　　　茄套　　　　　　　茄衣

图9-12　烟叶摆放顺序

三、烟胚卷制

烟胚卷制工序是形成和影响雪茄品质的最关键工序，卷制工在卷制前要熟悉用于卷制的茄芯烟叶的内在品质与物理特性。常见卷制方法有抓裹法和层式递叠反转法。

1. 茄套裁切

取出茄套烟叶，将茄套烟叶横向平放在卷制面板上，将主筋脉缘朝向自己进行放置，用烟刀裁剪出能够卷制所需规格产品大小的茄套（图9-13）。

图9-13 铺平茄套

2. 茄芯调配

根据配方要求适量取用不同的茄芯烟叶（若发现含有较粗的烟梗，应进行去除），在手中握制成型，各种烟叶的用量随尺寸而变。烟胚各处烟叶填充均匀，无坑洞、大的筋脉及烟叶扭曲等情况（图9-14）。

图9-14 制作茄芯

3.卷裹茄芯

将制作好的茄芯放在第一步制作好的茄套上，缠绕茄套叶缘，用手指按压均匀推进、旋转卷制，并反复在卷制面板上用手掌按压滚动推进，以防止茄芯烟叶螺旋松结影响吸阻（图9-15）。

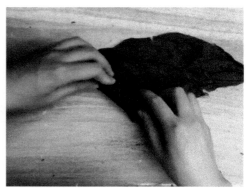

图9-15 卷裹茄芯

4.烟胚成型

待茄芯、茄套全部卷制完成后用烟刀或切割台切掉多余、杂乱的烟叶，用黏结剂将茄套叶缘黏合固定，然后用切割台，按照所需长度，切去一端空松部分。至此基本完成了一支雪茄烟烟胚的卷制（图9-16）。

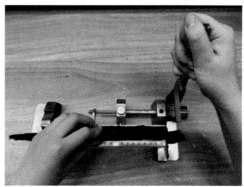

图9-16 烟胚成型

四、烟胚定型

定型是指使用定型器将卷制好的烟胚通过加压，适时旋转烟胚，以定型时间和压力等控制，要求使烟胚在上茄衣前达到质量要求的过程（图9-17至图9-19）。

图9-17　烟胚定型

图9-18　烟胚定型前　　　　　图9-19　烟胚定型后

五、茄衣制作

1. 茄衣裁切前的判定

上茄衣是决定一支雪茄烟外观、表征一支雪茄风格类型的关键工序，所以茄衣的制备就显得尤为重要。在上茄衣前需要对烟叶颜色、破损、斑点等要素进行判定（图9-20）。

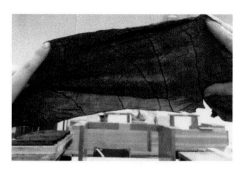

图9-20　检查茄衣

2. 茄衣裁切

（1）湿布覆盖。使用前，在平铺的茄衣烟叶上（分左、右手）用湿布覆盖，防止茄衣水分散失过快。

（2）茄衣平铺。将符合色泽、水分要求的茄衣烟叶在卷制面板上铺平。如若茄衣烟叶的色泽经养护出现污迹，应予以更换（图9-21）。

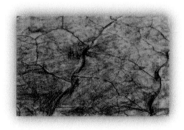

图9-21　茄衣平铺

注：向上放置烟叶背面（叶脉突出一面）。

（3）裁切茄衣。用烟刀修齐茄衣烟叶的上缘，再将下半部根据烟支对茄衣大小要求裁切修成弧形叶片（图9-22）。

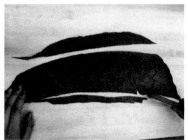

图9-22　裁切茄衣

六、上茄衣（茄帽）

茄衣（茄帽）制作关键步骤如下。

1. 上茄衣

将已定型，各项关键指标经检验合格的雪茄烟胚放在已经裁切好的、平铺的茄衣叶尖部，一手紧绷茄衣，另一手将茄衣与烟胚结合，然后均匀旋转推进，至整支卷裹完成。取一些黏结胶，把"圈帽"烟叶绕雪茄收头并粘贴，通常1.5~2.5圈，做出光滑、略呈穹隆形的头部（图9-23至图9-24）。

图9-23　茄衣卷制

图9-24　修饰头部

2. 制作茄帽

用中空小圆柱形"铁柱"在剩下的茄衣烟叶上取一片圆形烟叶做茄帽（图9-25）。

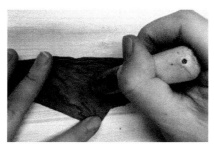

图9-25　制作茄帽

3. 粘贴茄帽

涂抹黏结胶让圆形茄帽粘到雪茄顶端。捏紧茄帽，使其与雪茄的烟身部分粘贴牢固（图9-26）。

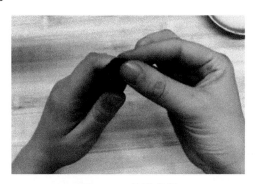

图9-26　粘贴茄帽

4. 裁切尾部

将卷好的雪茄放在切割台的槽内，测量雪茄的长度，把多余的部分切掉（图9-27）。

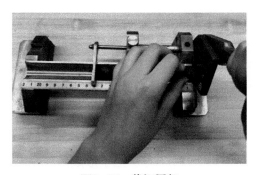

图9-27　裁切尾部

上茄衣后烟支外观要求脉纹细致、无折痕、无病斑、无污痕、无洞眼、无脱皮破碎、缝口严合。

第三节　烟支养护

在雪茄从雪茄工厂流转出来以后，仍然需要对其品质进行贮存和养护，即贮养，这一过程活动主要体现在雪茄吧或者雪茄爱好者的私享空间。

一、养护目的

通过养护，烟支进一步醇化，感官质量得到提升。雪茄在合适的环境中继续发酵、醇化，得到更好的外观、口感和味道，降低刺激性气味、尼古丁、雪茄烟气的粗糙感、辣、苦涩等不良感觉。

二、养护条件

（一）基本条件

一间合格的养护室应具备这样4个基本条件（图9-28）。

（1）良好的隔温防水效果。

（2）密封性能优秀的门窗。

（3）设计合理的通风管道。

（4）全实木内壁和烟架。

图9-28　养护间

（二）环境要求

烟支养护室应配备恒温恒湿控制系统，或其他可调控环境温度与湿度的设备，能根据外部环境的变化情况和储存的雪茄烟状态调整设备参数，达到养护室环境的动态平衡。另外，应在养护室的不同位置，辅以干湿球温度计、温度与湿度记录仪或其他温度与湿度监测仪器进行定点监控，跟踪醇化室内不同位置的温度与湿度差异，便于及时发现异常情况（图9-29）。

图9-29 温度与湿度控制系统

（三）虫情监测

雪茄烟在漫长的醇化过程中，防虫十分关键。烟虫会啃食雪茄，在雪茄表面钻出一个小洞，甚至会在雪茄里产卵，幼虫继续以烟叶为食，工业上监测虫情一般采用布施诱捕器的方法，为达到有效的监测效果，诱捕器应置于距地面高度1.4～1.6 m的位置，每5～10 m设置一处。若发现某个监控点连续三日有新增，或者一次新增3头及以上数量的烟虫，则需要在周围设置更多的诱捕器，并立即排查虫源。

三、养护方法

（一）适宜温度湿度

根据季节变化调节室内恒温恒湿系统的温度与湿度参数，维持室内环境的动态平衡，保持烟支养护的良好状态。一般情况下，温度18～22 ℃，相对湿度63%～70%为宜。

（二）定期通风换气

每天定时为养护室通风换气1 h左右，换气时应开门并打开通风装置，当室内因烟支快速醇化释放出的氨味较大时，可适当延长通风换气时间或增加频次。

参考文献

陈栋，李猛，王荣浩，等，2019. 国产雪茄茄芯烟叶研究进展[J]. 扬州大学学报
　　（农业与生命科学版），40（1）：83-90.

程立锐，王元英，杨爱国，等，2019. 烤烟新品种中烟300选育及其特征特性[J].
　　中国烟草科学，40（3）：1-7.

笪颖飞，2022. 不同区位及高度条件下性诱剂对烟田斜纹夜蛾和烟青虫的防效研
　　究[J]. 现代农业科技（5）：61-63.

丁汉东，史新涛，李敏，2015. 25%噻虫嗪水分散粒剂防治烟草蚜虫药效试验[J].
　　湖北植保（6）：8-9.

董宁禹，刘占卿，赵世民，等，2015. 太阳能杀虫灯和诱虫黄板绿色防控技术在
　　烟草生产上的应用效果[J]. 河南农业科学，44（8）：83-86.

杜佳，2017. 雪茄茄衣在有氧和厌氧发酵条件下质量变化规律研究[D]. 郑州：河
　　南农业大学.

戈一婷，2018. 病虫害发生规律研究与绿色防控[J]. 农家参谋（4）：121.

何发林，姜兴印，姚晨涛，等，2018. 氯虫苯甲酰胺与6种药剂复配对小地老虎的
　　联合毒力[J]. 植物保护，44（6）：236-241.

黄建，冯超，张成省，等，2014. 三种药剂对烟草黑胫病防治效果研究[J]. 安徽农
　　业科学，42（6）：1681-1682.

纪立顺，2020. 雪茄烟鉴别检验基础与应用[M]. 济南：山东人民出版社.

贾玉红，曾代龙，雷金山，等，2014. 世界雪茄烟叶主要产区和质量特征[J]. 魅力
　　中国（16）：383-384.

蒋予恩，1988. 我国烟草资源概况[J]. 中国烟草（1）：42-46.

金敖熙，1978. 我国的雪茄烟原料[J]. 烟草科技通讯（3）：32-35.

金敖熙，1982. 雪茄烟生产技术 [M]. 北京：轻工业出版社.

李爱军，秦艳青，代惠娟，等，2012. 国产雪茄烟叶科学发展刍议[J]. 中国烟草学
　　报，18（1）：112-114.

李丽珠，2019. 云南烟草主要病虫害分类及防治技术[J]. 热带农业工程，43（2）：
　　14-16.

李庆亮，张佳，宗浩，等，2017. 烟草抗虫机制研究进展[J]. 农学学报，7（8）：

48-54.

刘博远，赵松超，李一凡，等，2021. 不同成熟度雪茄烟晾制过程碳水化合物及相关酶活性变化规律研究[J]. 中国农业科技导报，23（4）：192-201.

刘丰黎，2021. 烟草大田调控烟蚜茧蜂行为的信息素研究[D]. 杭州：浙江大学.

刘国顺，2003. 烟草栽培学[M]. 北京：中国农业出版社.

刘洪祥，罗成刚，陈志强，等，2010. 烤烟新品种中烟104选育及评价利用[J]. 中国烟草科学，31（3）：1-6.

刘蒙蒙，王慧方，徐世杰，等，2015. 有机氮与无机氮配比对海南雪茄烟茄衣生长和根际土壤营养状况的影响[J]. 河南农业大学学报，49（5）：585-589.

罗成刚，蒋予恩，王元英，等，2008. 烤烟新品种中烟103的选育及其特征特性[J]. 中国烟草科学，29（5）：1-5.

罗春燕，2019. 烟草病虫害种类产生原因及防治策略[J]. 农业与技术，39（2）：28-29.

罗倩茜，姚峰，邱克刚，等，2015. 5种化学杀虫剂对烟田斜纹夜蛾的防治效果研究[J]. 现代农业科技（22）：115-116.

吕洪坤，张兴伟，刘国祥，2021. 海南雪茄烟种质资源SNP指纹图谱及身份证[M]. 北京：中国农业科学技术出版社.

苗圃，2013. 河南省烟草真菌性根茎病害鉴定及黑胫病菌生理小种鉴定[D]. 洛阳：河南科技大学.

秦艳青，李爱军，范静苑，等，2012. 优质雪茄茄衣生产技术探讨[J]. 江西农业学报，24（7）：101-103.

任民，王志德，牟建民，等，2009. 我国烟草种质资源的种类与分布概况[J]. 中国烟草科学，30（SI）：8-14.

任天宝，阎海涛，王新发，等，2017. 印尼雪茄烟叶生产技术考察及对中国雪茄发展的启示[J]. 热带农业科学，37（3）：89-93.

时向东，汪文杰，王卫武，等，2007a. 遮阴下氮肥用量对雪茄外包皮烟叶光合特性的调控效应[J]. 植物营养与肥料学报，13（2）：299-304.

时向东，刘艳芳，文志强，等，2007b. 施N水平对雪茄外包皮烟叶片生长发育和内源激素含量的影响[J]. 西北植物学报，27（8）：1625-1630.

时向东，汪文杰，顾会战，等，2006. 遮阴对雪茄外包烟叶光合和水分利用效率日变化的影响[J]. 河南科学，24（5）：672-675.

时向东，张晓娟，汪文杰，等，2006. 雪茄外包皮烟人工发酵过程中香气物质的变化[J]. 中国烟草科学（1）：1-4.

时向东，张晓娟，王卫武，等，2005. 栽培密度对雪茄外包皮烟叶片化学成分和物理特性的影响[J]. 中国烟草学报，11（2）：40-42.

陶健，刘好宝，辛玉华，等，2016. 古巴 Pinar del Rio 省优质雪茄烟种植区主要生态因子特征研究[J]. 中国烟草学报，22（4）：62-69.

田煜利，乔保明，刘学兵，等，2018. 雪茄烟叶发酵前加湿方式初探 [J]. 科技资讯，16（9）：252-254.

佟道儒，1997. 烟草育种学[M]. 北京：中国农业出版社.

王光梅，杨丽花，罗王勇，等，2021. 2种生防菌及其复配剂对烟草黑胫病的防治效果[J]. 湖南农业科学（8）：56-58.

王浩雅，左兴俊，孙福山，等，2009. 雪茄烟外包叶的研究进展[J]. 中国烟草科学，30（5）：71-76.

王慧方，刘蒙蒙，徐世杰，等，2015. 氮肥基追比例对海南雪茄茄衣烟生长发育及品质的影响[J]. 山东农业科学，47（12）：53-57.

王剑，刘利平，张莹，2019. 关于雪茄烟原料国产化的探索和思考[J]. 中国烟草（4）：82-83.

王丽莉，2011. 雪茄客手册：第 I 卷[M]. 上海：学林出版社.

王文静，王晓强，许永幸，等，2021. 烟草黑胫病菌分子生物学研究进展[J]. 中国烟草科学，42（3）：90-94.

王旭峰，2013. 浙江桐乡茄衣调制和发酵过程中主要化学成分的变化及其质量特色研究[D]. 郑州：河南农业大学.

王琰琰，刘国祥，向小华，等，2020. 国内外雪茄烟主产区及品种资源概况[J]. 中国烟草科学，41（3）：93-98.

王琰琰，王俊，刘国祥，等，2021. 基于SSR标记的雪茄烟种质资源指纹图谱库的构建及遗传多样性分析[J]. 作物学报，47（7）：1259-1274.

王志德，张兴伟，刘艳华，2014. 中国烟草核心种质图谱[M]. 北京：科学技术文献出版社.

王志德，张兴伟，王元英，等，2018. 中国烟草种质资源目录（续编一）[M]. 北京：中国农业科学技术出版社.

吴晗，1959-10-28. 谈烟草[N]. 光明日报（11）.

希奕璇，2018. 利用生物物种多样性防治高原烟草病虫害[C]//第八届云南省科协学术年会论文集——专题二：农业. [出版者不详].

夏长剑，李方友，李萌，等，2020. 海南雪茄烟病虫害种类调查及发生动态初报[J]. 中国植保导刊，40（11）：35-39.

向东，段淑辉，丁松爽，等，2022. 不同成熟度雪茄烟叶晾制过程中颜色表征及主要化学成分变化特征[J]. 山东农业科学，54（2）：69-77.

星川清亲，1981. 栽培植物的起源与传播[M]. 郑州：河南科学技术出版社.

徐世杰，2016. 雪茄茄衣人工发酵过程中的质量变化规律及添加物料对其品质的影响[D]. 郑州：河南农业大学.

闫芳芳，杨军伟，杨建春，等，2015. 攀枝花市烤烟主要病虫害发生现状与防控对策[J]. 四川农业科技（7）：41-42.

杨华，2017. 绿僵菌在烟草田土壤中的宿存及对烟草害虫防治研究[D]. 广州：华南农业大学.

杨铁钊，2011. 烟草育种学 [M]. 第2版. 北京：中国农业出版社.

姚芳，王慧方，莫娇，等，2016. 种植密度对海南茄衣大田生长及产质量的影响[J]. 天津农业科学，22（7）：129-132.

于建军，李琳，庞天河，等，2006. 烟叶发酵研究进展[J]. 河南农业大学学报（1）：108-112.

曾代龙，贾玉红，2009. 世界雪茄原料现状分析[C]//四川省烟草学会工业专业委员会论文集. [出版者不详].

查道喜，2018. 烟草病虫害的发生及防治[J]. 现代农业科技（20）：117.

张超群，肖荣贵，管成伟，等，2019. 几种免疫诱抗剂防治烟草病毒病田间效果比较[J]. 生物灾害科学，42（3）：195-198.

张鸽，李志豪，邓帅军，等，2021. 海南H382雪茄烟叶不同发酵周期细菌群落多样性表征及演替分析[J]. 中国烟草学报，27（2）：117-126.

张鸽，辛玉华，王娟，等，2017. 雪茄外包皮烟叶发酵研究进展 [C]// 中国烟草学会2017年学术年会. [出版者不详].

张锐新，任天宝，赵松超，等，2018. 晾制密度对雪茄烟中性致香成分的影响[J]. 天津农业科学，24（6）：45-48.

张锐新，苏谦，杨昌鹤，等，2020. 堆积发酵时间对五指山茄衣烟叶品质的影响[J]. 山东农业科学，52（4）：57-61.

张胜博，暴连群，蔡晓瑞，等，2018. 阿维菌素B_2防治烟草根结线虫病药效研究[J]. 农业与技术，38（1）：10-11.

张兴伟，赵彬，陈荣平，等，2019. 东北晾晒烟种质资源图鉴[M]. 北京：中国农业科学技术出版社.

赵瑞，章存勇，徐云进，2015. 国内外不同雪茄茄芯原料主要化学成分与感官品质分析[J]. 南方农业，9（30）：252-253.

周锦龙，汤珍瑶，2009. 雪茄烟发酵技术进展与展望[J]. 农技服务（11）：119-120.

訾天镇，杨升同，1988. 晾晒烟栽培与调制[M]. 上海：上海科学技术出版社.

邹海平，张京红，陈小敏，等，2015. 海南岛农业气候资源的时空变化特征[J]. 中国农业气象（4）：417-427.

邹宇航，唐义之，张华述，等，2015. 雪茄茄衣烟调制技术初探[J]. 中国农业信息（1）：83-84.

FRANKENBURG WALTER G，1950. Chemical changes in the harvested tobacco leaf：Part Ⅱ. chemical and enzymic conversions during fermentation and aging[J]. Advances in Enzymology & Related Subjects of Biochemistry（6）：325-441.

KOLLER J B C，1858. Der tabak in naturwissenschaf-tlicher[M]. Augsburg：landwirt Schaftlicher and Technisc Beziehung.

LEWIS R S，MILLA S R，LEVIN J S，2005. Molecular and genetic characterization of *Nicotiana glutinosa* L. chromosome segments in tobacco mosaic virus-resistant tobacco accessions[J]. Crop Science，45（6）：2355-2362.

MD GIACOMO，PAOLINO M，SILVESTRO D，et al.，2007. Microbial community structure and dynamics of dark fire-cured tobacco fermentation. [J]. Applied and Environmental Microbiology，73（3）：825-837.

REID J J，MCKINSTRY D W，HALEY D E，1937. The fermentation of cigar-leaf tobacco [J]. Science，22（35）：404.

SHAHID M S，SHAFIQ M，RAZA A，et al.，2019. Molecular and biological characterization of Chilli leaf curl virus and associated Tomato leaf curl betasatellite infecting tobacco in Oman [J]. Virology Journal，16（1）：131.

WIKLE T A，2015. Tobacco farming，cigar production and Cuba's Viñales Valley[J]. Focus On Geography，58（4）：153-162.

WIRTZ D H，2012. Cigar bible[M]. Nanchang：Science and Technology Press.

YAN Y W，HONG K L，XIAO H X，et al.，2021. Construction of a SNP fingerprinting database and population genetic analysis of cigar tobacco germplasm resources in China[J]. Frontiers in Plant Science，12：1-12.